AF231576

LES

ACCIDENTS DE CHEMINS DE FER

GEORGES GRISON

LES
ACCIDENTS
DE
CHEMINS DE FER

GRANDES CATASTROPHES

VERSAILLES. — PUTEAUX. — AUTEUIL. — GAGNY
RUE D'AVRON. — CLICHY-LEVALLOIS. — CHARENTON
PONTOISE, ETC., ETC.
NÉGLIGENCES ET FAUTES DES COMPAGNIES. — CAUSES DES ACCIDENTS
MOYENS DE LES ÉVITER
CE QU'ON A FAIT ; CE QU'IL FAUDRAIT FAIRE

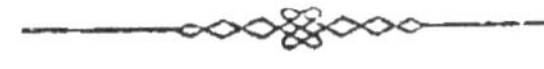

PARIS
TYPOGRAPHIE TOLMER ET Cⁱᵉ
3, RUE DE MADAME, 3

1882

LES ACCIDENTS

DE

CHEMINS DE FER

Grandes catastrophes. — Versailles. — Puteaux. — Auteuil. — Gagny. — Rue d'Avron. — Clichy-Levallois. — Charenton. — Pontoise, etc., etc. — Négligence et fautes des Compagnies. — Cause des accidents. — Moyens de les éviter. — Ce qu'on a fait ; ce qu'il faudrait faire.

I. — Avant-propos.

Les derniers accidents de chemins de fer, et notamment les catastrophes épouvantables de Clichy et de Charenton, ont causé une telle émotion dans le public, que l'opinion s'en est émue et a demandé énergiquement une enquête.

On a voulu savoir si ces accidents, qui reviennent périodiquement cinq ou six fois par an semer la terreur et le deuil, ne peuvent pas être évités ou tout au moins atténués par des mesures de prudence et de précaution.

On a voulu savoir si les Compagnies, qui, mille fois par jour, prennent charge d'âmes, apportent dans leur mission délicate tous les soins désirables.

On a voulu savoir si tout le monde remplit bien son devoir.

J'ai suivi pas à pas toutes les phases de ces enquêtes ; j'ai fait, moi-même mes recherches, et, jour par jour, dans le journal le plus en vue, le plus autorisé de tous, j'ai rendu compte au public du résultat de mes recherches, de mes observations, de mes examens.

On me rendra cette justice que j'ai été, en même temps impartial, ne me laissant pas entraîner aux exagérations auxquelles, dans de telles occasions, on n'est que trop porté ; et tenace, ne me laissant intimider, — comme l'ont fait, hélas ! quelques-uns de mes confrères, au début, plus acharnés que moi, — par aucune considération d'argent où de prérogatives.

J'ai dit la vérité, — ou du moins ce qui m'a paru la vérité. — Et, ce qui semble me prouver que j'ai eu raison, c'est que le Gouvernement, auquel j'adressais mes principaux reproches, a prescrit ce que je réclamais instamment, l'adoption du frein rapide et du block-system pour toutes les Compagnies.

Ai-je, au moins pour un peu, contribué à cette décision? Je l'espère, et c'est ce qui m'encourage à revenir sur la question. et à demander que les nouvelles prescriptions ne deviennent pas lettres mortes, comme les anciennes l'ont été.

Je vais donc, dans un coup d'œil général, reprendre un peu l'histoire des accidents de chemins de fer; voir ce qui s'est passé, ce qui a été fait, ce qui aurait dû être fait, ce qui doit se faire.

II. — Les chemins de fer depuis leur origine.

Je suis loin, bien loin de nier les progrès qui se sont accomplis. Je ne suis pas de ceux qui regrettent l'ancienne diligence. Certes, elle avait ses agréments. Je les ai bien connus, ayant beaucoup usé, dans ma jeunesse, de ce mode de locomotion. Mais aussi que d'inconvénients, que d'ennuis!

Les chemins de fer ont produit, dans le monde, un véritable changement à vue, auquel personne n'eût osé croire, il y a trente ou trente-cinq ans, alors que la *Compagnie des Bateaux* renonçait à la ligne ferrée de Paris à Rouen, dont elle avait la concession, prétendant que les résultats ne pouvaient couvrir la dépense; alors que les Compagnies de Bordeaux à Cette et de Lyon à Avignon abandonnaient les privilèges qui leur avaient été accordés et préféraient perdre leur cautionnement, plutôt que de poursuivre une entreprise désastreuse !

Le progrès a marché à pas de géant. J'ai sous les yeux un annuaire du commencement du siècle, — 1801, — j'y vois que les diligences *en poste* de Joigny, Sens et Auxerre, partaient tous les jours à six heures du matin ; que celles de Bourbonne-les-Bains, Bar-sur-Aube et Langres ne partaient que trois fois par semaine, que les voitures dites *éclairs* — les *rapides* de cette époque — mettaient quatre jours pour aller à Bordeaux, etc.

Mais, je ne veux pas remonter si loin, et je prends les chemins de fer, tels qu'ils fonctionnaient en 1848-49.

« Le train le plus rapide, lis-je dans une très-intéressante *notice*, publiée par la maison Chaix, était entre Paris et Lille ; il employait dix heures à parcourir un trajet que l'on fait actuellement en quatre heures et demie. Le voyage de Paris à Tours, qui ne demande aujourd'hui que quatre heures, exigeait alors six heures. Il en était de même sur les chemins de fer étrangers : les relations directes entre Ostende et Cologne, par exemple, qui sont desservies de nos jours par cinq trains, dont trois font le trajet en huit et neuf heures sans changement de voiture, avaient lieu par un seul convoi, qui faisait la route en onze heures, etc. Il est vrai que, il y a trente ans, le nombre des voyageurs n'atteignait même pas, en France, le chiffre de onze millions par an, tandis qu'il dépasse aujourd'hui cent trente-deux millions. »

Je trouve dans le même ouvrage un tableau comparatif entre le nombre des trains entre 1846 et 1877. Voici ce tableau :

	NOMBRE DE TRAINS	
	En 1846.	En 1877.
Paris à Amiens.	5	12
— à Lille.	3	8
— à Orléans	9	14
— à Rouen	7	13
— à Versailles (rive droite).	16	32
— à Versailles (rive gauche).	15	26

Quant à la rapidité de la marche, voici également les proportions :

En 1825 les locomotives parcouraient à l'heure au maximum.	9.650	mètres.
En 1829.	25.130	—
En 1834.	34.320	—
En 1837.	51.490	—
En 1839.	62.000	—
En 1868.	70 à 80	kilomètres.

De nos jours, dans les voyages d'essai ou d'urgence, on atteint une vitesse de 108 à 110 kilomètres à l'heure.

On a enfin beaucoup fait pour le bien-être des voyageurs. L'installation primitive était toute rudimentaire. Les troisièmes, par exemple, étaient découvertes, comme les fourgons de ballast d'aujourd'hui. S'il pleuvait, on tendait son parapluie. Une caricature du temps représente les administrateurs de la Compagnie, installés sur la locomotive avec des soufflets et des pompes, afin d'inonder et de geler les malheureux voyageurs de troisième, pour les décider à prendre des places couvertes, — des *coupés* ou des *diligences*, comme on disait alors. Le *coupé* c'était les premières, la *diligence* les secondes, les troisièmes s'appelaient le *wagon*.

Ces *wagons* avaient une terrible réputation. Les pauvres gens qui étaient forcés de les prendre, y souffraient le martyre. Quelques-uns même y moururent, si j'en crois un *fait-divers* relevé dans un journal de 1841. On y raconte la mort d'une femme et d'un petit garçon, glacés par le froid « durant l'interminable trajet d'Orléans à Paris » et expirant à leur arrivée à l'hôpital, malgré tous les soins qui leur avaient été prodigués !

Je le constate donc, sur tous ces points, d'immenses progrès ont été accomplis. Mais, en ce qui concerne la sécurité des voyageurs, a-t-on marché aussi vite et aussi sûrement?

L'opinion publique assure que non.

Les accidents d'aujourd'hui, dit-on, sont aussi terribles, sinon davantage, que les accidents d'autrefois, et on ne les évite pas davantage.

Je n'ai pas vu les accidents des premiers jours, il faut pourtant que j'en parle. J'en emprunterai donc le résumé à l'article excellent et plein de justesse que le dictionnaire Pierre Larousse a consacré aux chemins de fer.

L'auteur de cet article était évidemment un spécialiste, et on n'a qu'à gagner à lire les réflexions fort sages qu'il fait sur la question qu'il traite.

Je lui passe sans crainte la plume, pour la reprendre quand nous arriverons à la nomenclature, hélas ! bien trop nourrie, des accidents d'aujourd'hui.

III. — La statistique des accidents en 1867.

A la suite de graves accidents qui signalèrent les derniers mois de l'année 1853, le ministre de l'agriculture et du commerce institua une commission, chargée d'examiner dans tous ses détails, l'exploitation des chemins de fer, et de rechercher les moyens de leur donner les garanties de sécurité qui paraissaient leur manquer. En installant cette commission le 30 novembre 1853, le ministre lui fit connaître quelle devait être la marche de ses travaux. « Pour procéder avec ordre, lui dit-il, la commission devra s'occuper successivement de chacune des grandes lignes qui constituent le réseau français, examiner dans chaque exploitation les détails du service et tout ce qui concerne le matériel, le personnel, et principalement les ordres généraux sur lesquels repose en grande partie la sécurité. Afin d'éclairer la commission sur différents points, l'Administration va demander immédiatement à chaque Compagnie les documents suivants :

1° Le relevé de tous les accidents arrivés sur sa ligne depuis le commencement de son exploitation, accompagné d'un aperçu sur leurs causes et leurs conséquences.

2° Un état de la voie indiquant les endroits difficiles, tels que pentes, courbes, ouvrages d'art, qui nécessitent l'emploi exceptionnel de mesures de précaution.

3° Un état du matériel moteur et roulant.

4° Un état explicatif et détaillé des signaux employés dans les diverses circonstances de l'exploitation.

5° Un état du personnel, énonçant le nombre des agents, la quotité de leur traitement, leur répartition dans les divers services.

6° Un recueil des ordres de service.

A ces documents écrits, la commission joindra les éléments complets d'une enquête orale, en appelant dans son sein les administrateurs et les directeurs des Compagnies, les chefs de service, les ingénieurs en chef du contrôle et les inspecteurs de l'exploitation commerciale. »

Nous citons le texte même de cette instruction pour montrer à quel point le service du contrôle est négligé. D'après les règlements, l'ingénieur en chef du contrôle, établi auprès de chaque ligne, doit inces-

samment transmettre au ministre des travaux publics les procès-verbaux de chaque accident, de chaque
contravention, des rapports sur tout ce qui intéresse
la sécurité et la police de la ligne, et tous les renseignements enfin, ci-dessus énoncés. Les agents de
l'État auprès des Compagnies n'avaient donc pas fait
leur devoir, puisque les renseignements n'avaient pas
été fournis, puisque le ministre se voit obligé de faire
appel aux Compagnies pour résumer les éléments de
l'enquête !... faire appel aux Compagnies ! certes,
quelle que soit l'autorité qui s'attache à cette instruction officielle, il est permis de trouver étrange une
telle manière de procéder ! Quoi ! c'est aux Compagnies, c'est-à-dire précisément aux coupables dont il
s'agit, d'énumérer les fautes, à ceux-là qui sont le
plus essentiellement intéressés à diminuer le nombre
et l'importance dessin istres, c'est aux Compagnies que
la commission va demander le relevé des accidents !
Ce sont les Compagnies qu'on va charger de fournir les pièces qui doivent les condamner ! C'est Car-
touche lui-même qui est chargé de dresser son acte
d'accusation.

La Commission reconnut bien vite l'impossibilité
d'arriver ainsi à des chiffres exacts.

Cependant, une autre manière d'opérer étant impossible, puisque le contrôle n'avait fourni aucun
document, la Commission a dû faire son travail sur
ses renseignements forcément incomplets, entachés
de partialité.

De ce qui précède, on peut conclure que le Gouvernement est le premier à comprendre toute la responsabilité qui incombe aux Administrations de chemins de fer, et l'on voit que son impuissance à arriver à un résultat, est manifeste.

Le Gouvernement veut des réformes, les Compagnies n'en veulent pas, et ce sont celles-ci qui en fin de compte demeurent entièrement maîtresses de la situation. Le Gouvernement, c'est-à-dire l'expression logique, naturelle de la volonté de tous, se trouve ici encore tout à fait impuissant. Il y a là une anomalie à laquelle il faut apporter un remède aussi prompt qu'énergique.

Le Gouvernement aura pour lui l'opinion publique, et c'est un levier qui lui permettra de briser tous les obstacles.

Veut-on savoir, en ce qui concerne la statistique des accidents, à quel résultat aboutit l'enquête dont nous parlions tout à l'heure? Le voici : Il périt sur nos lignes en moyenne cinq fois plus de voyageurs qu'en Angleterre, huit fois plus qu'en Belgique, dix-sept fois plus que sur les chemins de fer Badois, vingt et une fois plus que sur les chemins de fer Prussiens :

	TUÉS		BLESSÉS
France..	1 sur 1.955.555	1 sur	496.551
Angleterre . . .	1 sur 5.256.298	1 sur	311.345
Belgique.. . . .	1 sur 8.861.804	1 sur	2.000.000
Prusse	1 sur 21.411.488	1 sur	3.892.998

Le chiffre des blessés est visiblement inférieur à la réalité, comme l'a constaté la Commission elle-même. Tandis que les statistiques des autres pays donnent, en regard du nombre de tués, un nombre de blessés à peu près proportionnel, nous voyons chez nous, d'après ce tableau, un singulier phénomène se produire : nos chemins de fer qui tuent cinq fois plus de monde que les chemins de fer anglais, donnent un total de blessés très-inférieur. La falsification est par trop maladroite, c'est sans doute une réminiscence de la vieille galanterie française ; on ne *blesse* personne, mais on peut tuer tout le monde.

Molière appliquait cette loi aux pillages littéraires : on peut voler un auteur pourvu qu'on le tue !

Le total des morts et blessés, depuis l'ouverture de nos premières lignes jusqu'en 1854, est évalué par le rapport au chiffre de 1754. La proportion des accidents n'ayant pas diminué depuis 1854, ce chiffre peut être porté aujourd'hui (1) à 4,000 au minimum.

Les Compagnies ne furent nullement déconcertées par ces statistiques, qui accusaient si hautement leur incurie; leurs apologistes ont ressassé à l'envi un argument dont le bon sens public aurait dû depuis longtemps faire justice. Rapprochant les chiffres obtenus par l'enquête, du chiffre des accidents causés par les anciens moyens de transport, les diligences, les voitures de messageries, etc., ils ont établi qu'autrefois

(1) Ceci était écrit en 1867.

le nombre des blessés était cinq fois plus considérable
qu'aujourd'hui, relativement au nombre des voyageurs transportés. C'est, il nous semble, pousser un
peu loin l'audace, que d'espérer, par une comparaison
de ce genre, fermer la bouche aux réclamations du
public. Les anciens moyens de locomotion offraient
mille causes d'accidents indépendantes de la volonté
du conducteur, ou des entrepreneurs : le mauvais état
des routes, les accidents de terrain, les ornières, les
tempêtes, les inondations, les verglas, les neiges,
les caprices subits des chevaux qui s'emportent, ou
bien qui n'obéissent pas à la main qui les conduit.
Un cheval ne se laisse pas diriger comme une machine. Doué d'une volonté propre, il est capable de
résistance, de révolte; il est plus ou moins ardent,
plus ou moins rétif. Son humeur varie d'une façon
impérieuse. La machine au contraire est absolument
asservie, pas un de ses mouvements qui ne soit dû à
la volonté de celui qui la dirige, pas un de ses écarts
par conséquent qui n'ait pour unique cause la négligence ou l'imprudence de ce dernier. La voie appartient aux Compagnies ; à qui la faute si elle est mal
entretenue, si les rails en mauvais état ou mal posés,
font casser les essieux ou dérailler les trains? La diligence, elle, si la route était défoncée, subissait la conséquence des fautes qui n'étaient pas les siennes; de
plus, les routes offraient des difficultés que ne présentent pas les voies ferrées, les côtes à gravir et à descendre étaient des passages souvent périlleux, dans

lesquels le conducteur avait besoin d'une grande prudence et d'une grande habileté ; l'été, l'hiver, la pluie, le soleil, le vent, le froid, tout pouvait entraîner des accidents ; c'était la chaleur qui accablait l'attelage, la poussière qui aveuglait les chevaux et les conducteurs, la boue qui empêtrait les roues, la neige qui dissimulait des ornières et des trous, la glace sur laquelle glissaient les pieds des chevaux. Toutes ces causes d'accidents sont supprimées sur les chemins de fer :

« La vapeur est esclave et ne fait qu'obéir » ; dès lors, que signifie la comparaison inventée par les Compagnies et dont elles tirent vanité? La proportion des accidents a diminué ? Eh! sans doute, il serait vraiment par trop curieux qu'il en fût autrement. Le public n'en est pas moins en droit de réclamer contre tous les sinistres survenus par la faute des Compagnies et de leurs employés ; or, dans les chiffres que nous avons cités, combien il y a-t-il d'accidents qui leur soient imputables ? Voilà toute la question. « Presque aucun », s'écrient-elles, et on les entend toujours parler de *force majeure ;* la force majeure explique tout, répond à tout, excuse tout ; l'accident des chemins de fer passe ainsi à l'état de fait, déjouant toutes les prévisions humaines ! force majeure ! quelle est cependant la signification précise de ces mots ? Et voudrait-on nous dire comment il se fait qu'il y ait en France, d'après les statistiques prétendues officielles cinq fois plus de *force majeure* qu'en Angleterre, vingt et une fois plus de force majeure qu'en Prusse ?

La vérité est qu'à part les accidents individuels dus à l'imprudence des voyageurs, la négligence et l'imprévoyance des Compagnies, le mauvais choix qu'elles font de leur personnel, sont les seules causes de presque tous les désastres.

C'est égal, les Compagnies ne paraissent pas s'en douter, et les statistiques comparatives qu'elles lancent au lendemain de chaque accident le prouvent surabondamment.

Celui qui viendrait nous apprendre que dans quelque bureau poudreux et retiré de chaque Compagnie de chemin de fer, se cache un employé mystérieux nommé M. l'Optimiste, lequel passe toutes ses heures à fouiller de vieilles paperasses pour établir une statistique des anciens et des nouveaux accidents, eh bien, ce révélateur ne nous étonnerait pas du tout.

Quand un accident se produit, vite les merveilleux tableaux de M. l'Optimiste pleuvent chez les journaux ; nous en avons bientôt les oreilles rompues ; en fin de compte, le public toujours bénévole en prend son parti, et la Compagnie grimpe sur les hauteurs du Capitole, comme Corinne allant recevoir le laurier poétique. On serait tenté de remercier MM. de la Compagnie de n'en avoir pas écrasé davantage ; et de dire à l'administrateur en chef :

> « Vous nous faites, seigneur,
> « En nous croquant beaucoup d'honneur. »

IV. — Principales variétés d'accidents.

1° DÉRAILLEMENTS.

Les déraillements ont pour origine :

1° L'état irrégulier des constructions ;

2° La pose défectueuse de la voie, tant des rails que des supports ;

3° Enfin, l'instabilité de la locomotive ou d'une partie du convoi.

Les déraillements qui peuvent entraîner des malheurs incalculables, perdre un train tout entier, sont très-fréquents. Il est avéré qu'il ne se passe pas de semaine, où, sur quelques-unes de nos voies ferrées, des wagons ne déraillent.

Pour parer en partie à ce danger, différents systèmes de freins ont été proposés, mais les Compagnies, généralement, ne jugent pas à propos d'en adopter l'usage ; ces réformes les ruineraient, les pauvres Compagnies.

2° RUPTURES D'ESSIEUX ET DE BANDAGES DE ROUES.

Accident presque journalier, puisque, sur la seule ligne de Nord, on a constaté la moyenne annuelle de 40 à 50 essieux rompus.

Ces ruptures mettent en péril la vie des voyageurs qui sont dans le wagon, ils peuvent occasionner un accident plus grave : le déraillement du train. Un inventeur, dit M. de Janzé, a imaginé depuis long-temps une plaque de garde, qui soutient le wagon rompu et empêche le train de dérailler : les Compagnies n'ont pas daigné s'occuper de son système.

Les ruptures d'essieux proviennent souvent du mauvais état de la voie, quelquefois aussi de l'usage trop prolongé de ces mêmes essieux, ou du défaut de graissage.

<h3 style="text-align:center">3° COLLISIONS ET CHOCS.</h3>

Deux trains peuvent se heurter de front, ce sont les collisions les plus terribles ; le choc peut aussi avoir lieu lorsque deux trains, suivant une même ligne dans le même sens, règlent mal leur vitesse. Ces accidents proviennent souvent de la fausse position des aiguilles au point de bifurcation ! Un train peut aussi s'engager sans s'en apercevoir sur une ligne qu'il ne doit pas suivre. Pour prévenir ce malheur, les règlements veulent que l'on ralentisse la marche aux bifurcations. Il résulte de l'enquête de 1863, que cette prescription n'est presque jamais observée. On a proposé aussi que le service d'aiguilleur aux bifurcations fût fait en double, mais les Compagnies considèrent cette précaution comme superflue.

4° EXPLOSION DE MACHINES.

Ce genre d'accident est le résultat du mauvais état de la machine ou de l'imprudence du mécanicien. Les Compagnies ont imaginé un triste système de *primes d'économie sur le combustible* qui conduit souvent les mécaniciens, dans un but d'intérêt personnel, à caler les soupapes de sûreté, pour ne pas perdre de pression, ce qui peut déterminer des explosions.

En résumé, si l'on analyse les diverses espèces d'accidents auxquels les chemins de fer donnent lieu, on trouve qu'ils peuvent tous se rapporter à l'une de ces trois causes :

1° Le mauvais état de la voie; 2° les vices du matériel roulant; 3° l'incapacité ou la négligence des employés. Quant à cette autre cause occulte, toujours mise en avant par les Compagnies, la *force majeure*, nous n'en trouvons trace nulle part.

La responsabilité au moins civile des Compagnies, dans tous les cas d'accidents, est donc évidente. Dans les deux premiers cas, les Compagnies, représentées par leurs directeurs et par les chefs d'exploitation, devraient être passibles de l'action criminelle. « Malheureusement, remarquait M. Véron, dans le *Constitutionnel* en 1861, c'est bien rarement qu'on voit s'asseoir, sur le banc des accusés, un chef de gare, plus rarement encore un inspecteur, et je demande si jamais on a vu traduire en justice, pour cause d'accident, un chef du mouvement, un chef d'exploitation, un directeur ? Sans doute, si ces employés supérieurs n'ont jamais été à l'état de prévenus, c'est qu'ils ne devaient pas l'être ; mais alors que signifient ces gros traitements, qui ne s'expliquent plus, s'ils ne sont pas comme une prime payée par les Compagnies pour la sécurité des voyageurs ? »

Quant à la responsabilité civile, on sait comment les Compagnies y échappent la plupart du temps. Ayant des millions à la disposition de leur contentieux, elles ont pour système bien connu du public, d'épuiser, en cas de poursuites, toutes les juridictions, tous les délais ; il arrive par conséquent que la victime, se trouvant hors d'état de faire les avances nécessaires pour un si long procès, de guerre lasse, transige ; alors, abusant de sa situation, la Compagnie ne paye qu'une indemnité dérisoire.

V. — L'accident de Versailles.

Maintenant, puisqu'il le faut, entrons dans le détail de ce sombre martyrologe, rappelons quelques-unes de ces catastrophes tristement célèbres qui marquent de taches sanglantes la carte de nos chemins de fer.

Parlons d'abord de cet accident terrible de Versailles, qui a eu dans toute l'Europe un retentissement dont on garde le douloureux souvenir.

C'était le 8 mai 1842, un dimanche, le nénufar s'épanouissait sur la surface tranquille des eaux, les cerisiers étaient en fleurs, le rossignol, ce grand virtuose des jardins et des bois, lançait ses notes printanières au milieu des ormeaux, tout conviait à la joie et aux parties de plaisir, c'était la fête de la nature, une moitié de Paris s'était rendue à Versailles, cette villa de nos anciens rois. Les Parisiens attendaient le moment où les dieux et les déesses de l'Olympe allaient lancer de leurs bouches de bronze mille jets d'une eau claire retombant en cascades, Neptune venait de donner le signal, des milliers de mains applaudissaient avec frénésie ; la jeune fille disait à son fiancée : — Nous reviendrons ici l'année prochaine, l'avenir est à nous.

> « Non, l'avenir n'est à personne :
> « L'avenir est à Dieu. »

Enfin, vers cinq heures et quelques minutes, cette foule joyeuse reprenait sa place dans les wagons; on se remémorait déjà ce que l'on raconterait le lendemain, aux amis, *moins heureux*, qui étaient restés dans la poudreuse capitale, dans cette ville « de bruit, de fumée et de boue ».

Enfin, la locomotive avait lancé son sifflement dans les airs, et le train partit ; la machine ne traînait pas moins de quinze wagons. On venait de traverser, sans s'y arrêter, la station de Bellevue, encore quelques minutes, et l'on franchissait la barrière de Paris, le train filait avec une vitesse désordonnée, et qui — le fait a été prouvé — n'était pas réglementaire. Tout à coup l'essieu d'un des remorqueurs se brisa avec violence, le second remorqueur se précipita sur le premier et entraîna successivement dans sa chute quatre wagons, qui, entassés les uns au-dessus des autres, s'élevèrent à la hauteur d'un premier étage. Aussitôt des cris perçants se firent entendre pour appeler du secours, mais les conducteurs avaient été les premières victimes, et en ce temps-là, les portières des voitures étant fermées à clef, il était impossible aux voyageurs de se secourir eux-mêmes.

L'horrible drame commençait, le feu gagna bientôt les matières combustibles des wagons, placés comme en auto-da-fé sur les machines, et il était impossible de porter aucun secours à ceux qui s'y trouvaient renfermés.

Alors se passa la scène la plus terrible dont jamais mémoire humaine ait gardé le souvenir : des centaine. de victimes, hommes, femmes, vieillards, enfants, entassés les uns sur les autres, et emprisonnés au milieu des flammes, poussaient d'horribles gémissements. On voyait des têtes et des bras qui s'agitaient convulsivement pour implorer du secours, et qui disparaissaient aussitôt consumés. Le feu s'était déclaré avec une telle violence que rien ne pouvait l'éteindre. On retirait bien çà et là du brasier quelques corps consumés, mais il était impossible d'avancer, et l'on se voyait obligé de regarder, impassible, les flammes dévorant les corps qui se tordaient dans les douleurs de cette affreuse agonie.

Oh ! quel atroce spectacle ! dit un témoin de cette épouvantable scène. Là, sur un wagon nous avons vu une femme qui n'avait pas plus de vingt ans, les jambes prises dans les roues, appeler, crier, se frapper le visage ; la flamme a saisi son corps et l'a réduit en cendres. Au-dessous une jeune mère apparaissait, tenant un petit enfant dans ses bras, on lui tendit une corde, elle pouvait se sauver, mais au moment de saisir cette planche de salut, elle vit qu'il lui faudrait abandonner l'innocente créature ; elle leva les yeux au ciel, les ramena sur l'ange qu'elle serrait convulsivement sur son sein, sa résolution était prise, elle repoussa la corde par un geste indigné, et en un clin d'œil, l'ange et la mère disparurent au milieu d'une fumée noire.

. . . .

Pendant que les premiers wagons étaient envahis par la flamme, et que tous ceux qui les remplissaient étaient consumés, des scènes non moins déchirantes se passaient à l'arrière du train. On retirait des hommes et des femmes qui avaient les jambes brisées, la tête meurtrie, la figure méconnaissable, le corps déformé, les bras fracassés, le sang ruisselait partout, on avait apporté des draps, des matelas, du linge de toute espèce, et par tous les chemins, on transportait les victimes de cet affreux désastre. Le nombre total en fut de 164, dont 109 blessés et 55 morts. Parmi ceux-ci se trouva le contre-amiral Dumont-d'Urville. Son corps calciné par le feu n'avait pas été reconnu dans le premier moment, mais un examen plus attentif de la tête, dont les sinus frontaux offraient un développement extraordinaire, ne permit pas le moindre doute sur l'identité de la personne du célèbre marin. Comme le feu avait détruit papiers et vêtements, c'est à la seule configuration de son crâne qu'on put le reconnaître.

Singulière destinée de cet homme qui avait fait deux fois le tour du monde, avait échappé aux glaces du pôle Austral, pour venir périr d'une pareille mort, au retour d'une partie de plaisir, à l'âge de 51 ans ? Son fils, enfant de douze ans, plein d'espérances, qui avait fait lui-même une fois le tour du monde, et qui connaissait déjà plusieurs langues des peuples que son père avait visités, périt dans les bras des auteurs de ses jours (Mme Dumont-d'Urville faisait aussi partie du fatal voyage, et il paraît certain qu'impressionnée par de funestes pressentiments, elle n'était venue qu'avec répugnance). Les funérailles de l'infortuné navigateur et de sa famille eurent lieu le 16, au milieu d'un concours nombreux de personnes de toutes les classes; deux chars richement ornés portaient les corps du fils et de la femme du vaillant amiral, puis venait le sien, sur lequel on voyait les insignes de son grade et des faisceaux de drapeaux.

Les coins du poêle étaient tenus par MM. Villemain, ministre de l'instruction publique, de Jussieu, de la Bretonnière et Beautemps-Beaupré, représentant la Société de géographie, l'Académie des sciences, le corps de la marine royale et le dépôt de la marine.

Donnons encore quelques détails fournis par un témoin oculaire. Quelques heures après la terrible catastrophe, les cadavres et les débris humains pieusement recueillis sur le lieu du sinistre furent transportés dans une des dépendances du cimetière Montparnasse, sorte de morgue improvisée où accourut en tremblant et en sanglotant la foule éplorée des parents et des amis. Les corps des victimes desséchés, tordus, et comme racornis par l'action du feu, étaient réduits à l'état de hideuses momies de deux à trois pieds de longueur. Les têtes carbonisées étaient complétement méconnaissables. Au-dessus de ces tristes restes, on avait suspendu quelques lambeaux de vêtements échappés aux flammes, un gant de femme tout à fait intact, et un ruban rose d'une fraîcheur parfaite — qui avaient peut-être appartenu à la jeune fiancée dont nous parlions plus haut — exposés parmi ces dépouilles sans nom, formaient une note étrange dans ce lamentable tableau.

Quelques instants avant la catastrophe, un habitant de Bellevue, revenant de Paris, avait arrêté son cabriolet devant le passage à niveau de Meudon, dont on venait de fermer la barrière, parce que le train était signalé; il le vit arriver avec la rapidité de la foudre, puis tout à coup, les voitures bondir les unes sur les autres, et s'accumuler autour des débris des locomotives, dont les foyers incandescents les embrasèrent en un instant. Les scènes les plus effroyables passèrent sous ses yeux, sans qu'il lui fût possible de secourir les infortunés qui hurlaient dans les wagons en feu, et dont on voyait les corps flamber et se fondre comme des torches ardentes.

Une malheureuse femme, le buste passé par une des fenêtres d'un des wagons, et arrêtée par son embonpoint, faisait des efforts inouïs pour se dégager, elle poussait des cris effroyables. Bientôt le feu l'atteignit, elle s'affaissa dans la fournaise, et fondit comme une pelote de graisse! Un voyageur lancé d'un des wagons brisés s'appuyait sur l'un des treillages du chemin de fer; il ne portait aucune blessure apparente, mais son visage crispé exprimait la plus violente douleur. Tout à coup, on le vit se baisser avec une sorte de folie, saisir frénétiquement un de ses pieds, l'arracher avec rage, et le lancer au loin. Ce malheureux avait eu la jambe littéralement coupée, son pied n'était resté maintenu que par un lambeau de vêtement.

Sur l'un des talus de la voie, était étendu un jeune voyageur, dont le corps ouvert par une affreuse blessure était complétement vide d'intestins et de viscères, l'estomac et le ventre étaient arrachés, et suivant l'expression du témoin de ce drame affreux, « on lui voyait jusqu'au dos » ; un rictus convulsif contractait son visage, il semblait rire aux éclats. Chose étrange, singularité qui mérite d'être étudiée par les médecins physiologistes, mais qu'il faut dire ici, puisque nous faisons de l'histoire et la plus triste, la plus sanglante qui fût jamais ; chose étrange ! ce malheureux, ce cadavre nu, aurait pu poser, en ce suprême moment, pour la statue de Priape, et figurer dans les Phallophories de l'Inde.

Nous tenons ce renseignement d'une personne aussi sérieuse que digne de foi, et notre devoir était de le consigner. Du reste, on sait que le même phénomène a été plusieurs fois remarqué chez les pendus.

VI. — L'accident de Fampoux.

Quatre ans après, le 8 juillet 1846, l'accident arrivé à Fampoux, sur le chemin de fer du Nord et à la suite duquel une partie du train avait disparu dans les tourbières, vint impressionner vivement l'opinion publique.

Voici comment les journaux de l'époque rendent compte de cet accident:

Au sortir d'Arras, le convoi parti le matin de Paris, et qui avait déjà éprouvé quelques retards, accéléra sa marche et atteignit une vitesse inaccoutumée. Il était composé d'environ vingt voitures remorquées par deux locomotives. Il atteignit ainsi Fampoux. Entre ce village et Rœux, au moment où l'on suivait une courbe établie sur un remblai d'une hauteur d'environ 10 mètres, que bordent des marécages assez profonds, un choc brisa la chaîne qui réunissait le 4e et le 5e wagon venant après les locomotives. Celles-ci continuèrent leur chemin, mais le wagon dont la chaîne était brisée dérailla, roula sur le talus, et tomba dans l'étang, entraînant dans sa chute plusieurs des voitures qui le suivaient. Secoués affreusement dans ces voitures, qui tournent plusieurs fois sur elles-mêmes, les voyageurs se trouvent tout à coup plongés dans l'eau ; ils cherchent à briser les fenêtres, à ouvrir les portières pour sortir des wagons ; quelques-uns se sauvent à la nage, d'autres sont secourus par des ouvriers qui travaillaient en cet endroit. Heureusement la queue du convoi s'arrêta sur cette pente funeste, et cinq voitures seulement furent submergées ; on parvint à sauver presque toutes les personnes des quatre dernières, mais celles que contenait la première périrent toutes noyées ou écrasées, et il fallut plusieurs jours avant qu'on pût retirer leurs cadavres du fond du marais, où ils se trouvaient ensevelis. On vit des scènes touchantes ; des enfants ont été tirés de l'eau par leurs mères, qui, au risque de périr elles-mêmes, s'élançaient intrépidement dans l'abîme. Une dame a eu le bonheur de sauver sa nièce en la soulevant au-dessus de sa tête. La *calèche* du général Oudinot suivait immédiatement la *diligence* submergée, elle a été mise en pièces ; l'aide de camp du général a eu plusieurs côtes enfoncées, et par un hasard inexplicable, le général s'est trouvé sous les débris, d'où il a pu être retiré sain et sauf. Les autres voyageurs du train étaient la princesse de Ligne et ses quatre enfants, ainsi que la marquise de Lauriston, et le maréchal de Saldagna ; aucun d'eux ne fut atteint ; le nombre des morts était de quatorze, et celui des blessés d'une vingtaine.

VII. — Autres accidents.

Au mois d'octobre 1855, un nouveau malheur arrivé à Moret, sur la ligne de Paris à Lyon, impressionna encore vivement le public ; cet accident était dû au choc d'un train express avec un train de bestiaux. Ce dernier, qui allait de Dijon à Paris, était arrivé à Montereau sans éprouver de retard ; à partir de cette station, sa marche rencontra de nombreuses difficultés, soit par suite de la trop grande charge du train, ou de l'insuffisance de la locomotive, soit par l'effet d'un épais brouillard, qui avait rendu la voie très-humide et très-pénible le glissement des roues sur les rails. Justement, il se trouvait là une rampe de 0^m 005, que le train ne put franchir que très-lentement, ce qui augmenta encore le retard. Cependant l'express arrivait à toute vapeur, croyant la voie libre, comme elle devait l'être réglementairement. Ce n'est qu'à une distance de 30 mètres que le mécanicien et le chauffeur aperçurent le train de bestiaux ; l'express lancé à toute vitesse ne put être arrêté, et vint heurter les wagons qui se trouvaient en face de lui. Le choc fut épouvantable, la locomotive grimpa sur les trois derniers wagons avec une telle force d'impulsion, que cette machine, bien que d'un poids énorme, demeura suspendue à une hauteur de 3 mètres au-dessus de ce monceau de débris. Malheureusement, le dernier wagon, celui qui porte le fanal rouge que le brouillard avait empêché d'apercevoir, au lieu d'être comme à l'ordinaire une voiture vide, ou un fourgon de marchandises, était précisément le wagon qui renfermait les conducteurs des bestiaux, au nombre de vingt-six, avec lesquels était un ouvrier graisseur de l'Administration. Dans le nombre se trouvaient plusieurs propriétaires ou éleveurs, mais la majeure partie se composait des toucheurs ; c'est-à-dire des conducteurs chargés de mener les bestiaux à la gare, puis aux marchés de Sceaux et de Poissy. La plupart de ces malheureux étaient plongés dans un profond sommeil, et ne durent pas ressentir le choc qui les broya ; l'un d'eux, qui s'était couché sous une banquette avec son chien, dut à cette circonstance d'être sauvé d'une mort certaine ; quant aux autres, ils furent littéralement comme passés au laminoir, et on put à peine reconnaître leurs cadavres défigurés. La scène la plus déchirante est celle qui suivit la catastrophe. Le wagon brisé se trouvait engagé sous le tender de la locomotive, et en ce tombeau de fer, trois malheureux se tordaient dans d'horribles souffrances ; le premier avait la jambe gauche et l'extrémité du pied droit pris comme dans un étau ; le second était totalement enfoui sous les débris, et sa tête seule dépassait ; le troisième avait la face tournée contre le sol, et ne pouvait bouger ni bras ni jambes. Ces infortunés restèrent six heures dans cette horrible position, car il fallut attendre les secours des villages voisins, et recourir à des chèvres pour briser ou scier les débris des wagons, afin de délivrer ceux qui respiraient encore.

Depuis cette époque, les chemins de fer se sont multipliés, et avec eux les accidents, il se passe peu de semaines où l'on n'entende parler d'un choc ou d'un déraillement. Chacune de nos grandes lignes a eu ses jours néfastes, et a été le théâtre de terribles sinistres.

A Saint-Germain, on se souvient encore de ce train, qui lancé sur la rampe avec une vitesse effrayante, alla se heurter contre les wagons qui étaient en arrêt sur la voie. La ligne de Lyon à Saint-Étienne n'a pas oublié l'accident de Firminy ; et celle d'Orléans, le terrible choc de Poitiers en 1853.

Parmi les accidents, il faut citer celui de Rognac, où, par suite de la réparation d'une des voies, deux trains venant en sens contraire, et lancés à toute vitesse, se brisèrent l'un contre l'autre.

La même cause d'enlèvement des rails d'une des deux voies donna lieu, le 1er août 1867, au fameux accident de Saint-Alain. Un train de plaisir venant de Marseille fut heurté violemment par un convoi parti de Paris; six personnes tuées, une trentaine blessées grièvement, voilà le résultat de cette grave collision, et si grande fut la terreur de ceux qui en avaient été témoins que nombre d'entre eux, n'osèrent pas continuer leur voyage et s'en retournèrent chez eux. Toute cette année d'ailleurs fut fatale aux voyageurs. Il y eut plusieurs chocs et déraillements sur les lignes d'Orléans et de l'Ouest. Celle du Nord eut son accident de Gonesse, qui ne fut pas sans gravité; et sur celle de l'Est, l'express de Bâle à Paris dérailla au mois de septembre, par suite d'un affaissement du sol; et enfin, au mois de décembre, sur la ligne de Belfort à Dijon, arriva le triste accident de Franois, où l'on ne compta pas moins de 13 personnes tuées et 20 blessées.

Les chemins de fer étrangers ont aussi leurs fastes sanglants, et les journaux anglais enregistrent parfois des catastrophes dont le récit vient de temps en temps épouvanter les populations. Sans parler de celle de Birmingham, et de tant d'autres, les feuilles publiques citaient la rencontre terrible de deux trains de plaisir qui eut lieu sous une voûte, et donnèrent les détails les plus lamentables sur les résultats de ce choc.

En Espagne, au mois de novembre 1865, un pont du chemin de fer de Saragosse était brisé, et le train précipité dans la rivière; même accident arrivait en Bohême, au mois de mars 1868. Mais c'est en Amérique, que ces désastres sont le plus fréquents. On sait qu'en ce pays la vie humaine est comptée pour peu de chose, tandis que la rapidité des communications est tout aux yeux de ces industriels qui ne connaissent que l'argent. Les lignes de l'Erié, de l'Outario sont célèbres par les sinistres dont elles ont été le théâtre. Voici le récit de celui arrivé à la fin d'avril 1868 :

La catastrophe a eu lieu dans un endroit appelé Carr's-Brock, à 15 milles de Port-Jewis, et à 100 milles environ de New-York ; la voie est tallée en rampe, le long d'une falaise, haute de 200 pieds, elle court à moitié de cette hauteur, dominée par un escarpement couvert de broussailles et dominant à pic une étroite grève baignée par la Delaware. Le précipice est horrible, le flanc de la falaise est hérissé de roches aiguës formant comme des colonnes qui soutiennent la voie. Cette voie est juste assez large pour supporter les rails; ni à droite ni à gauche il n'y a place pour le moindre écart; au sud, c'est le roc vif; au nord, c'est l'abîme. Le convoi parti de Buffalo comprenait quatre wagons ordinaires, deux wagons express, un wagon de poste et de bagages, enfin la locomotive et le tender.

Les wagons des voyageurs occupaient l'arrière : deux étaient des wagons à lits où près de cent personnes se trouvaient couchées. A trois heures du matin, les quatre wagons se séparent du reste du train, sortent des rails, courent en cahotant sur les traverses de la voie, et après avoir parcouru ainsi quelques centaines de mètres, touchent au bord de l'étroite corniche, culbutent, roulent sur eux-mêmes, bondissent de roc en roc, se heurtent, se crèvent, se brisent aux saillies, et vont s'engloutir comme une avalanche vivante, à 80 ou 100 pieds au fond du précipice, où ils n'arrivent qu'en morceaux. Un instant, on n'entendit que des cris dans les ténèbres, mais à l'horreur de la nuit succéda bientôt un spectacle plus horrible encore. Un des wagons prit feu, et illumina la scène de ses clartés sinistres. Ceux que la chute avait épargnés, allaient être la victime des flammes, des voix éplorées montaient le long des blocs de granit colorés par l'incendie, et, guidés par ces voix, éclairés par ces lueurs, les voyageurs échappés à la catastrophe, ceux des premiers wagons qui avaient passé sains et saufs, contemplaient avec horreur ce sinistre auquel ils avaient échappé comme par miracle. En un instant, ils mirent pied à terre et descendirent aussi vite que le permettait la déclivité de l'escarpement, pour porter secours à leurs malheureux compagnons, s'accrochant aux ronces, aux buissons, aux pointes de rocher, où leurs mains rencontraient parfois des flaques de sang, ou bien encore aux fils du télégraphe, qui pendaient échevelés sur l'abîme. Presque tous ceux qui se trouvaient dans les wagons étaient blessés, 15 ou 20 avaient déjà cessé de vivre, 6 ou 7 étaient brûlés, et près de 50 mutilés plus ou moins gravement.

S'il n'est pas encore permis de prévoir le jour où tant de malheurs seront conjurés et où la locomotion à vapeur offrira autant de sécurité que de vitesse et de commodité, on peut du moins insister près des Compagnies pour qu'elles ne laissent rien au hasard, et ne compromettent la vie des voyageurs, ni par l'imprudence de leurs agents, ni par une économie mal entendue.

VIII. — Causes des accidents.

Les trois principales causes des accidents qui se produisent si fréquemment sur nos lignes de chemins de fer et dont nous venons de faire la lamentable histoire, sont :

1° Le mauvais état de la voie et surtout des rails ;

2° L'action insuffisante des freins ;

3° La triste position des aiguilleurs, leur rétribution insuffisante.

Nous parlerons plus tard du matériel.

Voyons les freins, qui jouent un si grand rôle dans le drame des accidents. On sait que les rênes sont une sorte de boussole entre les mains du cavalier, avec lesquelles il dirige le cheval et le modère à volonté. A quelques pas d'un précipice, un habile cavalier, grâce au mors et à la bride, arrête à temps son coursier. Fénelon a comparé très-justement l'homme qui n'obéit qu'à ses passions, à un beau cheval privé de bouche, c'est-à-dire sans mors ni bride. Eh bien, un système de frein sagement organisé devrait être à une locomotive ce que la bride est au cheval. La question des freins est très-difficile à résoudre, il ne servirait à rien de le dissimuler; mais, quoique difficile, elle est incontestablement soluble, et, dès lors, elle doit être résolue. Les terribles accidents qui viennent si fréquemment la poser de nouveau, poignante et impérative, font aux Compagnies un devoir étroit de la résoudre, et si elles ne comprennent pas l'obligation qui leur incombe, il faut que la clameur publique le leur rappelle assez énergiquement pour se faire écouter.

Ce n'est ici le lieu ni de montrer les imperfections des systèmes de freins en usage sur nos grandes lignes, ni d'énumérer les nombreux projets soumis aux Compagnies par différents inventeurs, encore moins de proposer nous-même de nouveaux plans. Nous devons nous borner à poser nettement la question.

Voici le sophisme derrière lequel s'abrite le plus ordinairement la paresse des chefs d'exploitation, et qui, présenté avec art, peut faire illusion. Les accidents, disent-ils, ne *doivent* pas être prévus. Il suffit que tout soit réglé de manière que les accidents n'arrivent pas d'une manière normale, c'est-à-dire ne se produisent pas par le fait même des dispositions prises ; mais rien ne saurait être fait en vue d'éviter ceux que le hasard peut amener.

Toutes les opérations quelconques sont soumises à des chances fâcheuses qu'il sera toujours impossible d'annihiler, et accumuler d'avance les précautions pour en éviter les effets serait sacrifier la régularité du service journalier à un but chimérique. Pour prévenir toutes les causes d'accidents, il faudrait multiplier les engins, compliquer les appareils, et aller ainsi contre le but qu'on se propose : la production rapide et à bon marché ; un appareil dont le rendement monte à 40 0/0, c'est-à-dire qui peut fournir sous forme de travail utile 40 centimes de travail moteur dépensé, n'en rendrait plus que 15 à 20, si on l'embarrassait de tous les appendices nécessaires pour empêcher les accidents, et encore la perte à laquelle on se serait résolu ne serait-elle jamais compensée par une sécurité complète.

Ainsi, pour éviter les accidents de chemin de fer, la seule chose à faire serait de renoncer aux moyens rapides de transport.

Ce raisonnement n'est que spécieux. Nous répondrons : oui, les précautions prises gêneront le fonctionnement normal et abaisseront le rendement moyen oui, encore, la multiplication des moyens d'éviter les accidents irait contre le but même que se propose la grande industrie ; mais à cet égard il y a une distinction à faire : le raisonnement est juste s'il s'applique aux accidents qui peuvent détériorer le matériel ; ce n'est plus qu'un sophisme, s'il s'agit de la vie des hommes. Il serait absurde de produire habituellement dans de mauvaises conditions, c'est-à-dire de se ruiner à coup sûr, pour éviter une chance éloignée de perte ; mais une perte matérielle, quelle qu'elle soit, ne saurait être mise en balance avec la vie d'un grand nombre d'hommes.

On dit encore : pour arrêter instantanément un train lancé à grande vitesse, il faudrait développer une résistance précisément égale à celle dont on veut éviter les terribles effets ; or, cette résistance produirait des désordres pareils. La question n'est pas là ; il est certain que lorsque le train sera parvenu à quelques mètres du point où se trouve le danger, le malheur sera devenu inévitable ; mais il reste à réduire autant que possible la distance au-dessous de laquelle tout espoir d'échapper devra s'évanouir. On ne peut aujourd'hui arrêter à temps un train express qu'autant qu'on est séparé de l'obstacle par une distance d'au moins 1,200 mètres, de sorte que si deux trains marchent à l'encontre l'un de l'autre, il faut, pour éviter le choc, que les mécaniciens reconnaissent le danger lorsqu'ils sont encore à 2,400 mètres l'un de l'autre ; or, il n'arrivera qu'exceptionnellement qu'à une pareille distance les conducteurs des deux trains puissent s'assurer qu'ils parcourent la même voie ; aussi les collisions imminentes ont-elles presque toujours lieu. Pour les éviter, il faudrait au moins pouvoir éviter un train dans l'espace de 200 à 300 mètres ; une résistance assez forte pour produire ce résultat ne le sera certainement pas assez pour occasionner le moindre dégât.

Enfin, on objecte encore, que si l'on oppose à la marche du convoi une résistance trop forte en l'un des points, il se produira des chocs intérieurs capables de présenter aussi de grands dangers ; si l'on arrête trop brusquement la locomotive, les wagons qui la suivent immédiatement l'escaladeront, ou seront broyés par le choc des suivants ; et si l'effort porte sur les dernières voitures, le train se séparera par la rupture des chaînes qui en relient les diverses parties. La réponse à cette dernière objection est indiquée par l'objection elle-même ; pour que la résistance développée instantanément n'offre pas de dangers, il suffit qu'elle soit répartie uniformément sur toute l'étendue du train ; il faut donc que chaque paire de roues puisse être instantanément enrayée. Tant que les Compagnies n'auront pas obtenu ce résultat, elles ne seront pas fondées à cesser leurs recherches.

Nous n'avons pas, nous l'avons dit, la prétention d'être en possession d'un moyen de solution ; ce que nous nous proposons est seulement de montrer que le problème n'est pas insoluble. Or, il est facile de voir que, dût-on même, dans les cas de détresse, recourir à des chocs brusques pour produire l'enrayage simultané de toutes les roues d'un train, ces chocs, non-seulement seraient sans danger pour les voyageurs, mais même n'occasionneraient pas de désordres dans le matériel.

En effet, la masse, le rayon, et la vitesse de rotation d'une roue, étant donnés, on doit calculer l'effort capable de ramener instantanément cette roue au repos ; or, cet effort est bien loin d'égaler celui qui serait nécessaire pour rompre une barre de fer d'un diamètre même minimun, à plus forte raison l'enrayage rapide pourra-t-il être obtenu sans danger par d'autres moyens que des chocs brusques.

Les freins dont on se sert pour produire les arrêts prévus, devant les quais des gares, sont ce qu'ils doivent être pour le service usuel, mais ils ne donnent qu'un moyen par trop insuffisant pour prévenir les accidents graves. Que les Compagnies les conservent pour le service ordinaire, mais qu'elles se hâtent de choisir entre les différents systèmes plus efficaces qu'on leur propose. Sans doute, on ne saurait les rendre responsables de l'imperfection des moyens proposés ; mais ce qu'on a le droit d'exiger d'elles, c'est qu'elles fassent des essais sérieux et ne rebutent pas les hommes dévoués qui s'occupent de résoudre une question si importante, par des procédés équivalents presque à un refus de concours.

Concluons :

Les systèmes des freins employés par les Compagnies sont très-imparfaits par eux-mêmes.

Ces freins sont en nombre insuffisant.

Enfin, on ne se sert presque pas de ceux qui existent. Peut-être est-ce pour cette raison que les Compagnies les trouvent excellents et ne voient pas la nécessité d'en expérimenter d'autres qu'on ne ferait manœuvrer davantage. Si c'est cela, que les Compagnies le disent franchement : on sait bien que ce n'est pas l'aplomb qui leur manque.

Passons maintenant à la question importante des aiguilles.

Les aiguilles sont les portions de rails flexibles qu'une manœuvre très-simple peut amener dans la position convenable pour servir de raccords entre la voie proprement dite et un embranchement.

Il n'y a rien à dire, ni sur la manière dont sont disposées les aiguilles, ni sur leur fonctionnement qui est aussi simple et aussi sûr que possible. Mais il n'en est pas de même de la façon dont le service est organisé. Ici encore, l'esprit de parcimonie qui dirige les Compagnies a été la cause première d'un grand nombre d'accidents. Les aiguilleurs qui sont chargés d'une si grande responsabilité, non-seulement ne sont pas payés en raison de l'importance de leurs fonctions, mais encore on leur impose un service tellement pénible que la fatigue doit incessamment endormir leur vigilance. Il y a quelques années, certains aiguilleurs avaient jusqu'à 24 heures de surveillance continue à exercer. Leurs fonctions ne vont plus maintenant qu'à 12 heures; mais c'est encore beaucoup trop, surtout en raison de l'isolement où leurs fonctions maintiennent souvent ces malheureux. Les aiguilleurs ont d'ailleurs pour la plupart plusieurs services à faire, en sorte qu'il leur faudrait une attention presque surhumaine pour être prêts à chaque instant à remplir successivement toutes leurs fonctions.

« A la gare d'Appilly, sur la ligne de Saint-Quentin, dit M. le baron de Janzé, député, il n'y a qu'un seul employé, qui est à la fois chef de gare, aiguilleur, garde-barrière, chargé du service télégraphique et l'homme d'équipe pour manœuvrer les wagons laissés en gare. »

Cet article est daté de 1867.

A-t-on pris depuis les mesures qu'il réclamait? A-t-on cherché à se pourvoir des appareils nécessaires pour éviter les déraillements, les rencontres, etc. ?

Nous allons le voir.

IX. — Les accidents depuis 1870.

L'année 1870 ne nous a pas fourni beaucoup d'accidents, ou du moins, au milieu des préoccupations de la politique et de la guerre, on n'en a pas gardé la mémoire.

Mais à peine les chemins de fer recommençaient-ils à fonctionner pendant l'armistice, qu'une véritable catastrophe arrivée à Puteaux — à deux pas de Paris — manquait de déchaîner contre nous l'animosité de nos vainqueurs.

Cette catastrophe, je la connus le premier, quelques minutes seulement après le moment où elle se produisit, et voici comment je la racontai le 10 mars 1871, dans le *Figaro*, le seul journal qui la donna ce jour-là :

LA CATASTROPHE DE PUTEAUX.

Un épouvantable accident vient d'avoir lieu sur le chemin de fer de l'Ouest (rive droite). Un convoi de malades et de blessés prussiens, conduit par des employés français appartenant à la Compagnie de l'Ouest, se rendait du Mans à Pantin, pour être ensuite dirigé sur l'Allemagne. Ce convoi se composait de 32 wagons, chaque wagon contenant à peu près 20 à 25 hommes.

3.

A sept heures, au moment où le convoi entrait dans la gare de Puteaux, le chef de train s'aperçut qu'un train de banlieue, arrivé en retard, occupait déjà la voie dans cette gare. Il fit aussitôt stopper, et le chef de gare se mit en devoir de faire faire les signaux indiquant que la gare n'était pas libre.

Au même instant, arrivait à toute vapeur un train de marchandises qui suivait le train de blessés. Que se passa-t-il? Les signaux n'étaient-ils pas encore faits ou le mécanicien ne les aperçut-il pas? Toujours est-il que le train lancé à toute vitesse vint heurter les derniers wagons du convoi prussien.

Le choc fut épouvantable. Sur les 32 wagons, 19 furent broyés avec les malheureux qu'ils contenaient. La locomotive du train de marchandises fut également démolie, ainsi que les cinq ou six premiers wagons.

Les employés français qui conduisaient le train allemand n'ont pas été blessés. Le mécanicien et le chauffeur n'ont eu qu'un choc violent. Quant au serre-freins qui se trouvait sur la dernière voiture, celle qui la première reçut le choc, il a eu le temps et la présence d'esprit de sauter sur le talus, d'où il a roulé à terre, et il en a été quitte pour quelques égratignures.

Dès que la nouvelle de cet accident est arrivée à la gare de Paris, le directeur a fait immédiatement chauffer un train de secours, dans lequel il a pris place avec des médecins et plusieurs employés supérieurs de la Compagnie de l'Ouest.

Un certain nombre de wagons vides ont été joints à ce train, pour ramener ceux des blessés dont l'état permettait le transport ; ce train est parti de la gare Saint-Lazare à 10 h. 40 m. du soir.

Voici ce que le lendemain disait la Compagnie, dans une note communiquée :

« Aux termes de la convention passée entre le Gouvernement français et les autorités allemandes, le 28 janvier 1871, la circulation des trains dans la zone occupée est réglée par les autorités allemandes, et la circulation a lieu aux risques et périls du gouvernement auquel chaque train appartient.

« Hier au soir, vers sept heures, un train de blessés allemands, parti du Mans, a été rejoint en gare de Puteaux par un train de marchandises parti de Versailles (R. D.); une collision a eu lieu, dans laquelle il y a eu à regretter *de graves accidents*.

« La voie de Versailles sera rendue à la circulation dès aujourd'hui 10 mars. »

Je donnais en même temps, de mon côté, les nouveaux renseignements recueillis dans la journée sur le lieu même :

Ainsi que nous le disions hier, un train de secours a été envoyé, à 10 heures 40, sur le lieu du sinistre.

Les ouvriers se sont immédiatement mis à déblayer la voie. Tout d'abord, les wagons préservés ont pu continuer leur route. En même temps, les chirurgiens prodiguaient des soins empressés aux blessés que les hommes d'équipe retiraient des wagons brisés.

Ce travail a duré toute la nuit. Un grand nombre de morts ont été retirés dans un état affreux. Quelques-uns n'avaient plus forme humaine.

Le matin, vers huit heures, les curieux, attirés par la nouvelle de l'accident, se montraient avec épouvante un amas de débris humains déposés dans un petit jardin, à 200 mètres environ de la gare.

On nous a même affirmé que, pour les soustraire à la vue du public, une grande partie de ces débris, bras, jambes, têtes, avaient été enterrés aussitôt dans ce jardin. On nous a montré, au pied du mur d'une petite maisonnette, l'endroit où avait eu lieu l'inhumation. La terre était en effet fraîchement remuée sur un assez grand espace. Toutefois, nous n'osons rien affirmer à ce sujet.

La voie, avons-nous dit, a été immédiatement déblayée et le service rétabli, mais les trains ne passent que sur le côté droit; celui où a eu lieu l'accident ne pourra être rendu à la circulation d'ici à quelques jours.

Sur ce côté de la voie, les rails sont arrachés, le terrain défoncé, le pont entre Suresnes et Puteaux démoli en partie. Les cyprès et le lierre qui bordent la voie ont été arrachés et entraînés par les roues des wagons.

A six heures du soir, il restait encore quatre ou cinq voitures de voyageurs engagées dans les wagons de marchandises. Une locomotive attelée à ces voitures au moyen d'un énorme câble travaillait à les dégager. A mesure qu'un débris, une planche, une traverse, sont sortis, des individus qui encombrent les abords de la gare s'en emparent, en forment des paquets et les emportent.

D'un wagon à demi défoncé, mais rejeté debout en dehors de la voie, s'échappe une forte odeur pharmaceutique.

Tout auprès, sont plusieurs tas de charpie et cinq ou six fioles brisées. Ce wagon porte la croix rouge des ambulances avec cette inscription : K. Saecho. ST. S. E. B., puis, plus bas : Frouard von Metz, et enfin, à la craie blanche : *Médecin-wagen*.

Des coiffures, des sacs de soldats, des matelas de varech, sont déposés sur le bord de la voie.

Un détail curieux. Le train de marchandises était chargé de vivres destinés aux armées allemandes. Une bande de gamins s'était mise en devoir de le piller, prétendant à son tour *faire des réquisitions*. Il a fallu l'intervention de la troupe pour les disperser.

On voit la différence entre la note légère de la Compagnie et les renseignements donnés par moi, témoin oculaire qui ne quittai pas le lieu de l'accident.

La chose était pourtant assez grave.

Les Allemands voulurent bien ne pas se fâcher cette fois ; mais voyez-vous quelle complication, s'il leur eût pris fantaisie de prétendre que les mécaniciens *français* qui conduisaient les trains avaient causé *exprès* la collision, pour tuer, malgré l'armistice, encore quelques-uns de ceux dont la botte ferrée pesait si durement sur nos poitrines !

Ce n'était pourtant qu'un accident comme il en est arrivé bien d'autres depuis.

Et tenez, puisque nous sommes à 1871, savez-vous combien, dans la seule nuit du 9 au 10 décembre de cette année néfaste, la Compagnie de Paris-Lyon-Méditerranée a compté d'accidents?

Six !

En voici, du reste, la nomenclature :

X. — Compagnie P.-L.-M. Nuit du 9 au 10 décembre 1871.

1° Collision entre le train 1014 et le train de messageries 33, à la gare de Saint-Julien-du-Sault. Mécanicien et chauffeur grièvement blessés.

2° A Villeneuve-sur-Yonne, le *train rapide* lancé à toute vitesse tamponne le train 1011. 14 wagons sont brisés, la machine 248 est hors de service, le mécanicien, le chauffeur, le conducteur chef et les employés de la poste ont été blessés.

3° A Saint-Germain-des-Fossés le train 722, venant de Nîmes, coupe le train 2747 ; on ne connaît pas le nombre des blessés, les deux machines sont hors de service.

4° Déraillement du train 610, près de Melun; une fusée d'essieu coupée.

5° Déraillement sur la ligne de La Roche à Clamecy; nombre des blessés inconnu.

6° Déraillement d'un train de voyageurs, aux environs de Collanges.

A propos du sinistre n° 2, le *Journal de Lyon* dit :

D'après le récit d'un voyageur qui se trouvait dans le train 11 parti de Paris à 8 h. 40 du soir, ce train se trouva arrêté une première fois, un peu au delà de Melun. L'essieu d'un wagon faisant partie d'un convoi de marchandises s'était rompu et le wagon restait abandonné sur la voie. Premier retard de 2 heures environ subi par le train 11.

A Villeneuve-sur-Yonne, nouvel arrêt. Les voyageurs sont laissés dans l'ignorance la plus complète des motifs de ce nouveau retard, qui menace de se prolonger et dont, à la fin, on veut bien leur donner l'explication suivante :

Le train-poste n° 5 parti de Paris à 7 heures quelques minutes avait tamponné un train de marchandises en détresse, par manque d'eau, assure-t-on. Les précautions d'usage avaient été prises cependant pour éviter une rencontre; mais soit que ces précautions n'eussent pas été suffisantes, soit que les signaux eussent été mal compris, le choc ne put être évité.

Il put toutefois, grâce au sang-froid du mécanicien, être considérablement amorti et les voyageurs du train 5 en furent quittes pour une violente secousse et une longue perte de temps. Le mécanicien seul fut légèrement contusionné à la jambe, et un employé de la Compagnie qui se trouvait dans le fourgon des bagages reçut quelques colis sur le dos et dans les jambes, ce qui lui causa également quelques contusions sans gravité. Mais les derniers wagons du train de marchandises avaient été brisés, et leur contenu — environ 8,000 kilos de fer ouvré — obstruait les deux voies.

Il était à peu près midi, on dut remonter jusqu'à Tonnerre les deux trains 11 et 5 qui se trouvaient réunis par leur commune malechance, et ne se quittèrent plus qu'à Lyon, où ils n'arrivèrent cependant qu'après avoir subi une nouvelle mésaventure. A 5 ou 6 kilomètres de Dijon, l'une des deux machines qui remorque le convoi se détraque.

— Train de malheur ! s'écrie le conducteur : — et il y avait de quoi désespérer, en effet, d'arriver jamais au but.

Après une nouvelle station de deux heures, on se remet à rouler, et le « train de malheur » arrive sans encombre à Dijon, où les voyageurs peuvent enfin dîner.

Le train entre en gare de Perrache avec 18 heures de retard.

Est-ce assez joli pour une seule nuit?

Soyez tranquilles, cela n'empêchera pas la Compagnie de Lyon de faire publier, par les journaux amis, des statistiques qui prouveront, clair comme le jour, qu'elle est celle où il arrive le moins d'accidents.

On ne peut pas lui en vouloir. Avant tout, elle est une exploitation commerciale. Or, quel est l'épicier qui voudra admettre que son chocolat n'est pas le meilleur de tous, que sa bougie coule plus que celle du voisin, que sa pâte de guimauve n'est pas la seule qui guérisse le rhume le plus opiniâtre ?

Question de boutique que nous devons respecter, tout en faisant nos réserves.

Je ne m'amuse pas à faire un relevé jour par jour des accidents de toute sorte : un volume n'y suffirait pas. Je feuillette au hasard des collections de journaux des dernières années et je note ceux qui me sautent aux yeux :

Tenez, en voici un épouvantable : c'est l'accident d'Auteuil, dont j'ai pu suivre toutes les phases, faisant, sur la voie même toute pleine de sang, mon enquête, côte à côte avec les ingénieurs,

XI. — L'accident d'Auteuil.

C'était le dimanche soir, 15 janvier 1876. On sait que les trains de la ligne d'Auteuil se succèdent de quart d'heure en quart d'heure, et que les convois font par conséquent plusieurs fois le trajet dans la même journée. A six heures et demie partait un train de voyageurs, arrivé peu auparavant et dont le matériel paraissait être dans d'excellentes conditions.

Cependant, au sortir de la gare de Passy, par une cause restée inconnue, un wagon de deuxième classe — le quatrième à partir du fourgon — sortit complétement des rails et se mit à rouler sur le ballast de la voie.

Cela produisit, on le comprend, un ballottement singulier, surtout lorsque, à l'aiguillage, les roues du wagon vinrent heurter, pour les franchir, les traverses en bois qui séparent et maintiennent les rails. Les voyageurs crièrent, mais on ne les entendit pas.

De Passy à Auteuil, du reste, la distance est courte, — 2 kilomètres, à peine. Ce ne fut donc l'affaire que de trois ou quatre minutes. En arrivant à l'aiguillage en avant d'Auteuil, le wagon eut à franchir de nouveau des traverses. Il s'y heurta avec violence et fut renversé sur le flanc droit en travers de la voie. Les huit wagons qui le suivaient vinrent butter sur lui et déraillèrent à leur tour, mais heureusement en restant debout.

On se figure l'épouvante des voyageurs du train entier. Les femmes, les enfants sautèrent hors des voitures en criant, et se sauvèrent vers la gare. On se précipita vers la voiture renversée, et on monta sur le flanc pour ouvrir les portières et sortir les voyageurs qui s'y trouvaient.

On retira d'abord une dame qui portait diverses blessures au bras et à la cuisse droite. Cette dame, qui est originaire de Brest et demeure 193, boulevard Malesherbes, allait reconduire son fils qui est en pension chez les Jésuites et qui avait passé la journée chez elle. L'enfant n'a eu aucun mal.

Ce fut ensuite le tour d'un militaire, musicien au 102ᵉ de ligne. Celui-là n'avait aucune blessure apparente, mais souffrait de douleurs dans la poitrine, le ventre et les reins.

Au fond du wagon était la personne le plus gravement atteinte : c'était une dame d'une trentaine d'années, qui avait le bras nettement coupé à la hauteur du coude. La malheureuse avait sorti le bras hors du compartiment, sans doute pour faire un signal, quand le wagon se renversa. Le bras fut pris entre la lourde voiture et la terre. Un homme d'équipe a trouvé sous le wagon l'avant-bras détaché et l'a rapporté à la gare. La blessée a fait preuve d'un courage inouï et a sup-

porté sans défaillance les ligatures que se sont empressés de faire les médecins appelés pour la soigner.

Par un hasard incroyable, plusieurs autres voyageurs qui se trouvaient dans le compartiment voisin
n'ont eu aucun mal. De ce nombre est le fils de
Mme Gaillet, marchande de tabac, avenue d'Auteuil,
à côté de la gare, qui est sorti seul par le haut du
wagon, et est revenu en pleurant dire à sa mère que
tout le monde, sauf lui, était tué.

On nous a raconté, mais je ne répète le fait que
sous toutes réserves, qu'un bébé de dix-huit mois,
perdu par sa mère, avait été trouvé sous le wagon
renversé, n'ayant aucun mal.

A la première nouvelle de l'accident, je partis pour
Auteuil avec un de mes collaborateurs. La circulation
étant interrompue entre Auteuil et Passy, il nous
fallut descendre à cette station et faire à pied les deux
kilomètres qui nous séparaient du lieu de l'accident.

Rien de singulier et de pittoresque comme cette
promenade, en longeant la voie, par un magnifique
clair de lune. Tout le long de la route, nous rencon-
trons des gens qui forcent le pas, en se désolant,
traînant après eux des enfants ou des bagages. Ce
sont les voyageurs des trains de ceinture qui, forcés
de descendre à Auteuil, allaient rejoindre à Passy un
nouveau train pour continuer leur route.

Enfin, nous arrivons au lieu de l'accident : le

wagon est là couché, entouré par les autres wagons déraillés. Le chef de station d'Auteuil, le directeur, les inspecteurs, le commissaire de surveillance de la Compagnie s'occupent de leur enquête. Des hommes armés de torches et de lanternes rouges sondent la voie pour voir d'où provient l'accident, reconnaître où a commencé le déraillement, et savoir si aucun rail n'est brisé et si on pourra reprendre le service.

Dans la gare, où les voyageurs se désolent, nous voyons quelques traces de sang et un grand fauteuil, probablement celui dans lequel on a placé une des blessées.

Nous avons eu la curiosité de suivre sur la voie le sillon tracé dans la terre par les roues du wagon déraillé, de l'aiguillage d'Auteuil à celui de Passy ; elle est très-nettement visible *à droite* de la voie, et le wagon a marché avec une singulière régularité sur la terre glacée.

A l'aiguille de Passy, on voit la marque des bonds qu'il a faits : l'écart varie et les trous sont plus profonds par intervalles. Puis les traces passent *à gauche* de la voie, jusqu'à quelques mètres de la station de Passy, où nous les perdons.

Nous revenons sur nos pas, et, malgré l'heure avancée, nous nous renseignons sur les noms et l'état des victimes.

Ces victimes, nous l'avons dit, sont au nombre de trois, le musicien Weiss Henri, du 102ᵉ de ligne ;

Mme veuve Maria Laprade, 193, boulevard Malesherbes, et Mlle Combier, 16, rue Roquépine.

Henri Weiss est transporté au Val-de-Grâce : il n'a qu'une plaie au bras et des contusions sans gravité. Son état est aussi satisfaisant que possible.

La seconde blessée, Mme veuve Maria Laprade, va également très-bien.

Il n'en est pas malheureusement de même de la troisième, Mlle Pauline Combier. Ainsi qu'on sait, Mlle Combier a eu le bras droit coupé à la hauteur du coude, et il a été nécessaire, pour arrêter l'hémorrhagie à laquelle elle eût promptement succombé, de procéder à la ligature des artères. Elle a supporté cette opération avec un courage et une énergie incroyables. Puis elle est partie en fiacre, en compagnie d'un employé de la Compagnie de l'Ouest et d'un gardien de la paix du XVI° arrondissement.

Mlle Combier est marchande de journaux. Elle occupe un kiosque, sur le boulevard Malesherbes, à la hauteur de la rue d'Anjou-Saint-Honoré. C'est une pauvre fille qui gagne laborieusement sa vie. Son kiosque étant fermé en son absence, elle se fit déposer devant le kiosque voisin occupé par son beau-frère, M. Lenoir.

« Votre belle-sœur est blessée, dit l'agent qui accompagnait Mlle Combier, à M. Lenoir. Nous vous l'amenons. Où faut-il la conduire ?

— Blessée ! dit le marchand. Où ? Comment ?

— Dans un accident de chemin de fer, à Auteuil.

Tenez, voici son chien qui se trouvait dans le wagon avec elle. »

En effet, le chien de Mlle Combier, un caniche dont la toison blanche était tachée de sang, s'élançait hors de la voiture et faisait fête au marchand de journaux.

M. Lenoir, éperdu, courut chercher M. le docteur Carré, qui aida à descendre la blessée.

« En tout cas, vous ne pouvez rester ici, dit le médecin. Mais qui vous soignera dans la petite mansarde que vous occupez rue Roquépine? Il faut aller à l'hôpital. Vous y serez beaucoup mieux sous tous les rapports. »

Mlle Combier ne fit point d'objection et remonta dans le fiacre, qui la conduisit à l'hôpital Beaujon, où elle fut admise et placée salle Sainte-Clotilde.

C'est là que sa sœur l'a vue le lundi matin. Depuis minuit, à peu près, une espèce de délire avait pris la pauvre fille. Elle se figurait être encore dans le train pendant l'accident et appelait à son secours sa sœur Joséphine, son beau-frère M. Lenoir, et son chien Loulou. Une acalmie succéda à l'exaltation, et quand on vint lui annoncer qu'il fallait lui couper le bras pour éviter des accidents ultérieurs, elle dit aux médecins :

« Faites ce qu'il faudra, messieurs! Je suis prête. »

L'amputation a été faite à onze heures. Mlle Pauline Combier l'a supportée avec autant d'héroïsme que celle de la veille. Puis, elle s'est affaissée, épuisée, sur son lit.

A minuit, un train de secours était arrivé sur le lieu de l'accident, amenant une grue, avec laquelle on a relevé le wagon couché, et remis les autres sur les rails.

A trois heures du matin, une fois tous les travaux terminés, on a trouvé, sur la voie, à la place où était le wagon renversé, une boucle d'oreille en or et un châle de cachemire noir, auquel était collé un petit morceau de chair coupée. Mme Lenoir, à qui nous avons mentionné ce fait, nous a dit que ce châle appartenait à sa sœur, et nous a dit qu'elle comptait le réclamer à M. Thomas de Colligny, commissaire de police, au bureau duquel il a été déposé.

Mme Lenoir se préoccupait aussi beaucoup de ce qu'était devenu le tronçon du bras de sa sœur.

« Je n'ai pas le temps d'aller le réclamer, disait-elle.

« Pauvre femme! tout mon temps est pris. Enfin pourvu qu'on l'inhume en terre sainte! »

Trois jours plus tard, Mlle Combier succombait.

Lors de l'enquête faite sur cet accident, la Compagnie a déclaré qu'il était « tout fortuit », très-rare et occasionné « par force majeure ».

Ne semble-t-il pas, cependant, qu'un essieu qui se brise au bout de 2 kilomètres, ne devait pas être très-solide au départ? Peut-on admettre que la visite ait été bien sérieusement faite?

Mais, passons à d'autres accidents. En voici tout une série.

Le 25 mai 1876, le train nº 126, parti à 11 heures 39 de Pontarlier pour Dijon, déraille vers 2 heures 25 à la gare de Châtelay, entre Mouchard et Dôle; sept voyageurs sont blessés plus ou moins grièvement.

Le mercredi 7 juin, à 6 heures 30 *du soir*, épouvantable déraillement d'un train de marchandises sur la nouvelle ligne d'Alais au Pouzin, entre le Teil et Melas (Ardèche). Huit employés de la Compagnie sont tués et quatre grièvement blessés. Comme ce sont des employés, cela ne compte pas dans la statistique des voyageurs tués et blessés.

La voie n'a pu être rendue à la circulation que dans la journée du vendredi; l'endroit où s'est produit l'accident présentait un spectacle navrant; le train était composé d'une quarantaine de wagons chargés de rails et de charbon, lorsqu'il a déraillé à la descente dite des Combes, dont la rapidité nécessite de la part des employés de la Compagnie de grandes précautions. On suppose que la charge considérable des wagons a imprimé à la machine une vitesse contre laquelle les précautions employées ont été impuissantes.

Le mécanicien reconnut le danger après que le train se fut engagé sur la pente fatale et fit entendre le signal d'alarme. Les serre-freins, fort nombreux, firent tous leurs efforts pour ralentir la vitesse du train, qui n'en continua pas moins sa descente vertigineuse vers le Teil.

C'est alors que les employés, au nombre de quinze (ce nombre de quinze serre-freins n'étonnera pas, quand on saura que les pentes rapides abondent sur cette ligne, inaugurée un mois auparavant), se sont vus perdus, et en passant par le petit village de Melas les habitants ont entendu les malheureux pousser des cris de désespoir.

Dans la traversée de ce village, bien que le mécanicien ait renversé la vapeur, le train laissait après lui une longue traînée lumineuse, provenant du rapide frottement des freins sur les roues.

Au bas de la pente terrible, et sur un point où la voie décrit une courbe très-brusque, la machine dérailla et la poussée des wagons fut telle, qu'elle fut renversée en travers de la voie sens dessus dessous, les roues en l'air et la cheminée profondément enfoncée dans le sol. Les quarante wagons vinrent s'empiler, ce fut un amas informe de fers tordus et de bois déchiquetés.

Le mécanicien fut projeté par dessus la locomotive et en fut quitte pour quelques contusions, le chauffeur fut broyé; on apercevait encore une partie de son cadavre engagé sous la machine. Il faisait son premier voyage. Un autre, percé de part en part par un éclat de bois, enseveli sous les décombres, demandait à boire d'une voix suppliante; on versait du café sur une planche aboutissant à sa bouche.

Puis la voix s'est éteinte, il était mort. Cinq cadavres ont été retirés de sous ces ruines.

Des quatre blessés transportés à l'hôpital de Montélimar, un a succombé quelques jours plus tard.

A Alais, *le 13 juin*, 3 h. du soir, un train de marchandises a déraillé entre cette ville et Nîmes, par suite de la rupture d'un essieu. Un employé a été tué, un autre blessé. La voie a été encombrée.

A Marseille, *le 17 juin*, à 5 h. 25, un train de marchandises a déraillé sur le quai de la Joliette. Le chauffeur et le mécanicien ont été grièvement blessés, plusieurs wagons chargés ont été brisés, la machine a été fort avariée.

Cela fait six accidents en un mois et demi sur la même ligne — de Lyon! Notez-le en passant, s. v. p., et continuons :

Le 1er juillet 1876, à 3 heures, le train de voyageurs n° 103, venant de Bordeaux, a heurté un train de marchandises, à la station de Lacourtensourt ; un facteur du télégraphe a été blessé, deux wagons ont été brisés et la locomotive a été fort endommagée.

Le train de plaisir, parti *le 12 août* du Havre pour Paris, à 10 h. 1/2 du soir, et qui avait pris en route les voyageurs de Fécamp, de Bolbec, d'Yvetot, a heurté, à 1 h. 40, un train de marchandises en arrêt sur la voie montante, à 700 mètres en avant de la gare.

La secousse qu'ont ressentie les 7 à 800 voyageurs du train a été violente : 15 à 18 personnes ont été blessées et ont reçu à la gare de Rouen, où le train est arrivé quelque temps après, les soins du docteur Bellay, médecin de la Compagnie.

Mmes Souchet, du Havre, et Vemper, de Honfleur, avaient l'une le front écorché l'autre les dents cassées.

Les autres ont été atteints plus légèrement. Tous ont pu reprendre la route de Paris, après un arrêt de deux heures.

L'enquête ouverte sur cet accident en ferait retomber la responsabilité sur le chef de train, qui n'aurait pas vu deux signaux d'arrêt placés à 1,500 m. l'un de l'autre. Cet employé prétend les avoir vus, mais n'avoir pu arrêter le train trop chargé de voyageurs.

Le 13 *août*, le train express venant d'Italie, qui passe à Chambéry à 4 heures du matin, a éprouvé, vers la station de Saint-Pierre-d'Albigny, un déraillement qui pouvait avoir de graves conséquences. On l'attribue à une fausse manœuvre d'aiguilleur.

Le wagon-fourgon de bagages a été renversé et traîné assez longtemps sur la voie ; des deux employés qui s'y trouvaient, un a été tué, et l'autre blessé très-grièvement. Les voyageurs en ont été quittes pour une très-forte secousse.

Le 14 *août*, le chemin de fer de la Seudre a déraillé à 8 h. du soir, auprès de Pons (arrondissement de Saintes). La machine et le fourgon ont été ensablés, aucun accident de personnes.

A Lille, le 20 août, le train de Calais, arrivant à Lille à 3 h. 36, a déraillé par suite de la rupture d'un rail, presque à l'entrée de la ville. Sept voitures ont roulé au bas d'un talus. Il n'y avait heureusement que peu de voyageurs dans ce train. Six d'entre eux ont été blessés : M. Fatis, conservateur à la bibliothèque royale de Bruxelles; Mme Fatis, tous deux sans gravité. M. Ramon, employé des postes, grièvement blessé à la tête. M. Parsy, employé des postes, fracture de la jambe, contusions graves. Une femme de chambre, et M. Leclercq, d'Hazebrouck, sans gravité.

La machine, heureusement restée sur la voie, a pu venir chercher du secours à Lille. A 5 h. 1/4, tous les voyageurs, y compris les blessés, étaient rendus en ville.

L'accident s'est produit *sur une partie de la voie que la Compagnie du Nord n'entretient plus, et qui devait être abandonnée sous peu de jours.*

Si l'accident fût arrivé quelques secondes plus tôt, une horrible catastrophe s'ensuivait, le train était projeté d'une hauteur de 8 mètres dans la Deule.

Le 4 *septembre* 1876, le train-poste partant de Paris à 8 h. 20, se dirigeant sur Nîmes, a déraillé à Pontmort, à quelques kilomètres de Riom, par suite de la rupture d'un essieu d'un wagon de marchandises, quatre voitures sont sorties de la voie. Les voyageurs en ont été quittes pour la peur et une violente commotion. Seul, un employé qui se trouvait dans le wagon a reçu quelques contusions sans aucune gravité. On a expédié un train de secours, et l'accident s'est résumé en un retard de quelques heures.

4.

Le train parti d'Agen à Paris a déraillé, le 3 *octobre* 1876, entre Belvès et le Got, par suite de la rupture d'une chaîne. Plusieurs voyageurs ont été plus ou moins grièvement contusionnés, le train a franchi un pont dont il a démoli le parapet ; les grosses pierres du revêtement ont été jetées dans un ravin de 100 pieds de profondeur. Les femmes et les enfants poussaient des cris lamentables.

Le train dit *malle des Indes* passait le 25 *octobre* 1876, à Luxembourg, vers une heure du matin, devant s'y croiser avec celui d'Ostenden-Bâle. Il a déraillé près de la station de Fontange, par suite de la rupture d'une roue d'un fourgon-bagages. La culbute a été terrible, cela se comprend, avec la vitesse prodigieuse du train ; des voitures ont été entièrement brisées. Le train contenait heureusement fort peu de voyageurs. Quatre d'entre eux ont été blessés, dont un grièvement.

Le 28 *octobre*, le train express, qui devait arriver à Toulon à 9 h. 25, a déraillé à la gare de Cassis. *pas d'accidents graves à déplorer*, dit le Bulletin de la Compagnie.

Le 2 *novembre*, le train-poste de Bâle à Paris, arrivant à Petit-Croix, frontière franco-alsacienne, à 7 h. 5 m. du soir, a tamponné un train en manœuvre à l'entrée de la gare. M. Prosper Lévy, négociant à Paris, 7, boulevard Magenta, a été tué sur le coup.

Le chef de train Fauvel, le chauffeur Grégelas, ont

été grièvement blessés. M. Lanty et plusieurs autres voyageurs ont reçu des contusions plus ou moins graves ; un Allemand nommé Fourcounès a eu les côtes brisées ; trois wagons de première classe ont été mis en pièces et les deux locomotives sont fort abîmées.

Petit-Croix est à 11 kilomètres de Belfort. Ce terrible accident a été causé par une distraction d'aiguilleur, une machine qui manœuvrait dans la gare a été dirigée par un faux mouvement sur le train-poste qui arrivait de Mulhouse, l'aiguilleur s'est aperçu presque aussitôt de son erreur ; mais il était trop tard.

La machine de manœuvre vint frapper obliquement celle du train-poste, et l'arrêta instantanément dans sa marche. Les voitures de voyageurs se jetèrent les unes contre les autres et, dans ces chocs terribles, deux wagons de première classe furent défoncés et un de troisième fut endommagé. C'est là que M. Lévy a eu la tête fracassée.

L'aiguilleur, auteur involontaire de la collision, a été, quelques jours plus tard, condamné par le tribunal correctionnel de Belfort à 25 fr. d'amende ; l'indulgence s'explique par une circonstance mentionnée dans ce jugement et qu'il n'est point inutile de signaler, c'est que l'erreur commise par l'aiguilleur a son excuse *dans le travail excessif auquel l'astreignaient ses modestes fonctions. Cet aiguilleur déjà âgé était d'ailleurs noté comme un des meilleurs employés de la Compagnie de l'Est.*

Travail excessif! notez ce point, nous y reviendrons.

Le 9 *novembre* 1876, le train de Paris partant de Lille à 11 h. 25, arrivait au passage à niveau de Sainte-Agnès, quand les deux wagons de queue ont déraillé, et sont allés frapper quatre ouvriers occupés à la réparation de la voie. Ces malheureux s'étaient pourtant garés à l'approche du train. Tous les quatre ont été blessés ; un d'eux nommé Masquelier, âgé de 26 ans, a eu une jambe fracturée ; le second, Lecocq, a été blessé au pied. Vandevelle a reçu une contusion à la tête ; le quatrième, Vandeputte, a eu une côte brisée.

Le 4 *décembre* 1876, un accident a eu lieu sur la ligne de Doullens à Arras, entre Mondicourt et l'Arbret, un déraillement s'est produit, la machine et le fourgon ont été renversés. Le conducteur et le contrôleur qui se trouvaient dans le fourgon ont été lancés au dehors avec une telle violence que le contrôleur a été tué sur le coup, et le conducteur, jeté on ne sait comment sous la machine, a eu les deux jambes broyées.

Passons à un accident d'un autre genre. Celui de Wambrechies :

Le *dimanche* 5 *novembre* 1876, M. Becquet, distillateur, à Lambessart près Lille, son beau-frère M. Defives et leur famille, en tout huit personnes, rentraient chez eux dans un breack attelé d'un cheval. Trouvant la barrière du passage à niveau de Marquette ouverte, ils s'engagèrent sur la voie. A ce moment survint le train de Lille à Comines. La voiture fut broyée et cinq personnes périrent. Mlle Marie Becquet et le domestique furent sauvés par miracle.

Le Tribunal civil a condamné la Compagnie du chemin de fer du Nord à payer aux héritiers des victimes la bagatelle de 814,000 fr, qui se décomposent ainsi :

150,000 fr. à Mlle Marie Becquet, blessée grièvement, et 120,000 fr. à chacun des quatre autres enfants mineurs, soit pour la famille Becquet 630,000 fr.

Aux enfants et petits-enfants Defives, 20,000 fr.

Au mineur Defives-Frémeaux, 100,000 fr.

A Charles Charlet, domestique de la famille Becquet, 4,000 fr.

Ce malheur était dû à la coupable négligence du garde-barrière. Il s'était rendu dans un bal à Marquette, et l'individu qu'il avait chargé de le remplacer buvait au cabaret.

Cet accident dû à la *négligence du personnel* fit beaucoup de bruit à cette époque, et plusieurs personnes se demandèrent si la vie des voyageurs devait être confiée à un homme, sans contrôle, qui pouvait se faire remplacer,—sinon par un ivrogne comme cela était arrivé ce jour-là, mais tout au moins par sa femme, par ses enfants, ainsi que cela se fait communément. Qui n'a pas vu des petites filles de dix à onze ans, faire le service des barrières, tandis que leur père, chargé de travaux multiples, est occupé d'un autre côté?

C'est à ce moment que M. Leblanc, mécanicien à Paris, eut la première idée de son *protecteur automatique* pour les passages à niveau, qu'il mit tout à fait à exécution, lors de l'accident de la rue d'Avron, et que nous décrirons plus tard.

Enfin, le 17 *décembre*, effroyable collision sur la ligne de Culoz à Modane, entre Aix-les-Bains et Chatillon. L'imprévoyance de M. Dupont, chef de gare de Chatillon, coûte la vie à sept personnes, quatorze en outre furent blessées.

M. Dupont, chef de gare à Chatillon, fut condamné par le Tribunal à trois ans de prison pour homicide par imprudence, causé par *inattention et inexécution des règlements*.

La Compagnie fut déclarée responsable. Cette portion de la grande voie internationale appartient *à l'État, et la Compagnie de Lyon* ne l'exploite qu'à titre de fermière.

Voilà, j'espère, un joli bilan pour 1876. Là encore nous n'avons recueilli qu'à vol d'oiseau.

Passons à 1877.

XII. — Les accidents en 1877.

Le 8 *janvier* 1877, dans la soirée, comme le train express, parti de Tergnier à 6 heures 23, allait atteindre la gare de Montescourt, un des essieux de la machine vint à se rompre; la locomotive dérailla et parcourut environ 500 mètres avant de s'arrêter.

On avait lieu de redouter une effroyable catastrophe, le train était alors lancé à une vitesse de 70 kilomètres à l'heure; par un bonheur inouï, la locomotive, au moment du déraillement, on ne sait comment, s'était séparée du train, de sorte que les wagons étaient restés sur la voie; les voyageurs, qui ignoraient peut-être le danger qu'ils couraient, en ont été quittes pour une forte secousse; mais on peut juger de leur frayeur lorsqu'ils se rendirent compte de ce qui venait de se passer.

On télégraphia immédiatement de la gare de Montescourt à Tergnier, et une machine de secours fut expédiée.

Le 26 *janvier*, à 9 *heures* 45 *minutes* du matin, les trois derniers trains des voitures de Lille à Douai ont déraillé près de la gare de Fives; deux voyageurs ont été sérieusement contusionnés.

Dans la nuit du 12 *au* 13 *février*, le train-poste de Limoges à Paris a rencontré sur la rampe d'Argenton une machine de renfort. Trois employés des postes et deux employés du train ont reçu des contusions qui ne les ont pas empêchés de continuer leur route jusqu'à Paris; le train est arrivé à Paris avec un retard de 5 heures 1/2.

Dans la soirée du 11 *mars* 1877, un train de marchandises et le train-poste 198 se sont tamponnés pendant une manœuvre à l'Isle-sur-Doubs, entre Montbéliard et Besançon; plusieurs voyageurs ont été contusionnés; il y a eu de graves dégâts matériels.

Le 20 *mars*, près de Gray, à la sortie de la station, le train mixte a déraillé par suite de la rupture d'un rail; trois voitures ont été broyées.

Un terrible malheur est arrivé sur le passage à niveau du chemin de fer, sur le quai de Richebourg à Nantes, le 10 *avril* 1877; le train de marchandises qui entre en gare à 8 heures 35 minutes du soir arrivait de Bretagne, la nuit était très-noire. Le garde-barrière Babin se trouvait à son poste, lorsqu'il aperçut sur la voie un objet assez volumineux; il s'approcha avec sa lanterne. Le malheureux père tomba en jetant un cri d'épouvante: il avait devant lui la tête de son fils, âgé de quatorze ans, complétement séparée du tronc; le reste du corps était épars sur la voie.

Les agents de service et des passants relevèrent le malheureux garde, fou de désespoir.

On suppose que ce terrible accident s'est fait au

passage des derniers wagons qui étaient chargés de charbon de terre : le jeune Babin, à ce moment, a dû croire qu'il pouvait traverser la voie lorsqu'il aura été saisi par l'un des wagons, de queue, les roues de ces derniers étant seules maculées de sang (1).

XIII. — L'accident de Gagny.

Le 6 mars 1877, la Compagnie des chemins de fer de l'Est faisait parvenir aux journaux la note suivante, terrible dans son laconisme :

« Hier, 5 mars, le train direct n° 37, partant de Paris à 7 h. 50 du soir, a rencontré à la station de Gagny par suite d'une fausse aiguille, un train de marchandises qui manœuvrait.

Plusieurs voitures ont été renversées. On a à déplorer la mort de quatre voyageurs ; dix autres sont blessés. »

Je partis immédiatement pour Gagny, afin de prendre des renseignements sur cette catastrophe ; voici ce que j'appris sur le théâtre même de l'accident :

Le lundi soir, 5 mars, vers huit heures et quart, le

(1) Encore un accident qui ne pourrait avoir lieu si on adoptait le *Protecteur automatique, Leblanc et Loiseau.*

train de marchandises n° 70, chargé de moutons, manœuvrait pour se rendre sur la voie de garage, afin d'y passer la nuit, lorsque arriva à toute vitesse le train-poste n° 37 de Paris à Nancy, Reims et les Ardennes.

L'aiguillage fut fait comme d'habitude, bien que la manœuvre du train de marchandises ne fût pas terminée. Une épouvantable collision se produisit.

Il faudrait avoir le plan de la gare pour bien expliquer comment le choc a eu lieu. J'essaierai de le faire comprendre, en disant que par suite du faux aiguillage, les deux trains se présentèrent pour occuper la même voie, et se heurtèrent de flanc. C'est ce qui explique comment les mécaniciens et les chauffeurs, qui se trouvaient sur les machines et les tenders, en ont été quittes pour des contusions, produites par les secousses, tandis que les deux fourgons et les deux wagons de premières, qui venaient après les machines, ont été mis en pièces.

Le *sleeping-car* et le wagon de l'Administration des Postes n'ont presque rien eu.

Le choc, je l'ai dit, fut épouvantable et s'entendit dans tout le village de Gagny.

« Ce fut, me disait un habitant, comme un coup de tonnerre, auquel répondirent les cris des blessés et des mourants. »

On accourut de tous côtés Il faisait nuit. Les moutons — de superbes mérinos — s'étaient sauvés, épouvantés, après avoir sauté de leurs compartiments;

et encombraient la voie; plusieurs avaient été tués.

Cependant peu à peu on parvint à mettre de l'ordre dans ce sinistre désordre, et l'on commença le déblaiement. Dix-sept voitures avaient été broyées. Sur vingt-sept voyageurs que contenait le train, cinq ou six à peine étaient sains et saufs; tous les autres étaient atteints plus ou moins gravement.

A mesure que les blessés étaient extraits des décombres, ils étaient portés dans des bâtiments de la gare ou dans les maisons voisines. M. le docteur Kreutzer, de Gagny, arrivé le premier, les examinait et leur donnait des soins. M. le docteur Langlois, du Raincy, vint bientôt rejoindre son collègue. Enfin, vers onze heures du soir, arrivèrent, par un train spécial, le médecin en chef et le service médical de la Compagnie.

Le transport des blessés a donné lieu à plusieurs incidents touchants : le soldat Benin, du 45e de ligne, et le caporal Renaudeau, du 91e, s'occupaient de relever les blessés, les soutenaient, les guidaient. Ces deux braves garçons, tous deux grièvement atteints à la tête, avaient oublié leurs plaies pour porter secours aux autres. Ils ne se sont remis entre les mains des chirurgiens qu'après avoir constaté que leur aide n'était plus nécessaire.

Dans un des wagons se trouvait une petite fille de sept à huit ans, orpheline, qu'une dame emmenait de Paris pour la conduire aux environs de Reims. La dame fut blessée, et la petite, qui n'avait pas même une contusion, a soutenu sa bienfaitrice jusqu'au restaurant Renaud, où M. le docteur Kreutzer l'a pansée.

Quand on a pu faire le funèbre bilan de l'accident, on a constaté qu'il y avait seize blessés, dont plusieurs ne laissaient aucun espoir. C'étaient : MM. Hellot, coupeur chemisier, rue Birette, à Reims, blessé grièvement à la tête ; Levalley (Jacques), chapelier, rue Saint-Thomas, à Reims, forte contusion au côté ; Renaudeau, caporal au 91e de ligne ; Noël, à Villiers-la-Chèvre, près Comps-la-Grand'Ville ; Mme Sayé, à Maugrème, près Longuyon ; Mme Vignon, à Brouesne-Bretonnois ; Benin, soldat au 45e de ligne ; Chenier, 177, rue du Temple, à Paris ; Mlle Léonie Mivois, place Couture, à Reims ; Mme Dangeville à Coupalon, près Fontoy (Meurthe) ; Xingres, négociant à Toulouse, et sa mère ; Fessier, à Reims, rue de l'Esplanade ; Poulain, à Rouen, rue des Charrettes ; H. Martin, 15, rue du Cointre, à Reims ; et Mlle Léontine Martin, sa fille.

Il est bien entendu que les personnes citées plus haut sont celles qui étaient grièvement blessées, et qu'en ce moment on ne comptait pas celles qui n'avaient que des contusions.

Au bout de quelques minutes, Mme Jacques Dangeville rendit le dernier soupir. Les médecins déclarèrent que MM. Poulain et Fessier, portés au restaurant Renaud, étaient également perdus.

L'agonie de ces deux malheureux a été déchirante.

M. Poulain avait les jambes broyées et le crâne fendu. Il poussait des cris horribles, appelant Mlle Marie Renaud, qui le soignait et qu'il prenait pour sa femme. Après deux heures de tortures, il expira.

M. Fessier, qui avait aussi les jambes cassées, souffrit plus longtemps encore. Il avait assisté avec une pitié profonde à la mort de son malheureux compagnon, ne se croyant pas atteint aussi gravement que lui. Mais bientôt l'agonie commença et, jusqu'à quatre heures du matin, il se tordit dans d'atroces convulsions. Comme son compagnon, il avait, par les vaisseaux des jambes déchirés et béants, perdu une énorme quantité de sang.

J'ai vu les deux cadavres, dans la salle de billard du café Renaud, où ils sont déposés sur des matelas.

Après les avoir soignés jusqu'au dernier moment, la fille de l'hôtelier, Mlle Marie Renaud, une véritable héroïne de la charité, a placé près d'eux des cierges et a posé sur la couverture qui les enveloppe un crucifix et une branche de buis bénit. C'est un des contrastes les plus étrangement horribles qu'on puisse voir que cette salle de billard, transformée ainsi en chapelle mortuaire.

J'avoue que, bien que les traits de ces victimes soient encore présents à mon esprit, je ne puis me résoudre à faire leur portrait. Ce tableau m'a troublé au point qu'à l'heure où j'écris, j'ai presque peur d'évoquer ces funèbres images, et je cherche à les chasser de mon souvenir sans y parvenir. L'un m'apparaît avec sa mâle et forte figure coupée par de grosses moustaches. L'autre, plus frêle, quoique ayant les apparences d'une robuste santé, avait l'air endormi... Les membres inférieurs de ces malheureux, déformés, tordus, faisaient sous leur couverture des saillies anormales et hideuses... C'était affreux !

Le lendemain matin, les équipes d'ouvriers envoyés de la Villette ont trouvé, en déblayant, le corps d'une vieille dame, qui avait le crochet d'une des chaînes de sûreté qui relient les wagons, enfoncé dans le front. Cette dame n'a pas été reconnue. Voici son signalement :

Cinquante à soixante ans, cheveux gris, presque blancs, la figure est complétement mutilée; cette dame était ainsi vêtue : un caraco de mérinos noir, deux jupons noirs, un jupon de coton bleu, une camisole blanche en piqué, bas de laine blanche, brodequins lacés, chemise de toile marquée A. I., pelisse en mérinos noir ouatée.

Au doigt une alliance en or uni.

Dans ses poches on a trouvé : un porte-monnaie en chagrin brun à fermoir de cuivre à broche renfermant 55 francs en or, de la menue monnaie et une croix en argent; une tabatière vide en corne ; deux mouchoirs marqués A. F. ; une blague en soie au crochet à palmes noires, jaunes et rouges sur fond bleu. Gants de filoselle noirs.

Le cadavre a été envoyé à la Morgue de Paris.

M. Poncet, juge d'instruction à Pontoise, M. le procureur de la République près le même Tribunal, ont procédé aux constatations avec M. le maire de Gagny et le commissaire de surveillance. Les deux aiguilleurs se rejetaient mutuellement l'un sur l'autre la responsabilité de l'erreur commise.

La circulation a été rétablie sur la voie vers deux heures de l'après-midi.

Un rapprochement étrange :

En 1868, — le lendemain de la Mi-Carême, — pareil accident, moins grave dans ses conséquences, était arrivé sur la même ligne et au même point.

Évidemment, là, c'est encore un accident fortuit...

Il y a un train de marchandises en gare, et on laisse entrer un express...

On a condamné l'aiguilleur... Est-ce à lui seul, obscur manœuvre, que devait remonter la responsabilité?

Nous reverrons cela au chapitre du Personnel.

Continuons encore :

Le 22 mai 1877, à peu de distance de la gare d'Arras, au point de jonction de la ligne des houillères avec la ligne principale de Lille à Paris, un train de voyageurs venant de Lille a pris en écharpe un train de charbon venant de Lens et l'a littéralement coupé en deux.

A Genève, *le 12 juin* 1877, dans la matinée, une rencontre a eu lieu entre un train de marchandises et un train de voyageurs, entre les stations de Ressens et de Bussigny (canton de Vaud), il y a eu plusieurs blessés dont deux grièvement.

Le 13 juin 1877, à 10 h. du matin, un déraillement a eu lieu au *va-et-vient* établi près du pont de la Jamelière, à Nantes. 11 wagons chargés de sable pour le ballast de la ligne de Châteaubriand ont été lancés dans l'Erdre. Le dommage a été très-considérable.

Le 9 juillet 1877, le train qui devait arriver à Vichy à 3 h. 30 de l'après-midi a éprouvé 3 heures de retard par suite d'un déraillement à l'embranchement de Saint-Germain-des-Fossés à Clermont, causé par une fausse manœuvre d'aiguille. Cinq wagons de marchandises et le fourgon de bagages des voyageurs ont été entièrement broyés.

Un accident est arrivé le 13 août 1877, à 2 h. 30, sur le chemin de fer, à la gare de Saint-Sever-Rouen. Par suite d'une erreur d'aiguillage, le train de voyageurs venant d'Elbeuf et attendu à 1 h. 55 s'est jeté sur la machine-pilote arrêtée dans la voie de garage. Il y a eu douze blessés, dont deux assez gravement : MM. Frileux, huissier à Elbeuf, et Blondel, rentier, rue Renard, à Rouen.

Le 26 octobre 1877, le train express, parti de Genève à 3 h. 18, a déraillé aux environs du village de Torcieu, entre Saint-Rambert et Ambérieu (Ain), vers 6 h, 1|2. La nuit était déjà tombée, le train lancé à toute vitesse (50 kil. à l'heure) est allé donner contre une haute muraille de rochers. Quatre employés des postes ont été blessés ; le plus gravement atteint a été M. Baronnet, qui a été recueilli chez M. le curé de Torcieu ; M. Barberey, chef de brigade, a pu être reconduit jusqu'à Ambérieu, par le train de secours venu de cette station. Les deux autres employés, blessés plus légèrement, sont restés courageusement pour veiller à leurs correspondances.

Le conducteur de tête, qui se trouvait dans le premier wagon, a été lancé au loin. Les pertes matérielles ont été considérables ; la locomotive, le tender et quatre ou cinq wagons sont absolument hors de service ; le reste du train a également beaucoup souffert.

A Lyon, *le 10 novembre* 1877, par suite de la négligence d'un aiguilleur, une locomotive rentrant au dépôt de la gare de Lyon-Vaise a tamponné, dans la gare même, un train de marchandises, et brisé deux wagons.

Passons à 1878 :

Dans la nuit du 4 au 5 *janvier* 1878, le train 702 de la Compagnie P. L. M. a été tamponné à la gare de Mars, auprès de Saincaize (Nièvre), par le train 710. Six voyageurs ont été blessés.

Les voyageurs blessés sont cinq sous-officiers qui allaient au camp d'Avor et un négociant de Lyon, M. Farnaud fils.

Le 4 février 1878, une collision a eu lieu à l'entrée de la gare de Brives, sur la ligne de Capdenac ; l'express de Toulouse à Paris, qui arrive à 6 h. 30, s'est heurté avec le train qui arrive un peu avant de la Bachallerie et qui manœuvrait pour se garer.

La rencontre a causé des dégâts matériels assez considérables ; l'avant des deux machines et plusieurs wagons ont été sérieusement endommagés. Cet accident est attribué à un *disque* qui avait été empêché de fonctionner.

(Matériel en mauvais état.)

Voici maintenant un fait parisien : l'accident de la rue d'Avron (Grande-Rue de Montreuil). Celui-là, j'en ai recueilli moi-même *de visu* toutes les péripéties.

XIV. — L'accident de la Grande-Rue de Montreuil.

Le 22 janvier 1878, un épouvantable accident se produisait au croisement du chemin de fer de ceinture avec la rue d'Avron (ancienne Grande-Rue de Montreuil).

Je retrouve dans le *Figaro* du lendemain le compte rendu de cette catastrophe. Qu'on me permette de le reproduire tel que je le fis, tout ému encore du terrible spectacle auquel je venais d'assister.

Paris, 23 *janvier* 1878. — La rue d'Avron traverse la voie par un simple passage à niveau, et pour parer aux dangers de ces simples passages, une barrière mobile est établie. Cette barrière doit être fermée à l'arrivée de chaque train.

A quatre heures, le tramway nº 134, allant de la place du Trône à Montreuil, venait s'arrêter en face de la barrière fermée pour le passage d'un train de marchandises, venant de l'avenue de Vincennes et se dirigeant vers Courcelles. Ce train était fort long et manœuvrait assez doucement. Le garde-barrière Lemoyne crut donc rendre service au conducteur du tramway, en allant lui ouvrir la barrière aussitôt que le dernier wagon fut passé. La voiture s'engagea sur la voie, précédée du garde qui allait ouvrir l'autre barrière.

Mais Lemoyne avait mal calculé son temps, et le long convoi de marchandises suivant la voie descendante lui avait masqué le train 46, qui arrivait en sens inverse sur la voie montante. Ce train, parti de Charonne à 4 h. 1|2, se trouvait à peu près à moitié chemin de la station suivante, — l'avenue de Vincennes ; — il était donc à son maximum de vitesse.

Il arriva comme la foudre, prenant en écharpe le tramway, dont les roues de devant se trouvaient juste entre deux rails de la voie montante.

Le choc broya le devant de la voiture, brisa l'avant-train et, faisant faire au lourd véhicule — un grand tramway à 45 places—un demi-tour, l'envoya rouler à 10 mètres plus loin en dehors des rails.

Les chevaux qui avaient dépassé la voie n'eurent aucun mal, le choc avait rompu la « cheville ouvrière » qui attache l'attelage à l'avant-train. Ils se trouvaient absolument dételés. Les pauvres animaux, épouvantés, partirent au galop et ne s'arrêtèrent qu'à Montreuil.

Malheureusement, l'accident ne se borna pas à cela : Le tramway contenait quatre voyageurs. L'un d'eux, un homme d'une cinquantaine d'années, se tenait seul sur l'impériale. L'épouvantable secousse l'enleva et le jeta sous les roues de la locomotive, de telle façon que ces roues le décapitèrent nettement.

Quand, après l'accident, les personnes accourues pour porter secours voulurent le relever, elles trouvèrent le corps inerte dans l'entrevoie, tandis que la tête avait roulé à trois ou quatre pas entre les deux rails.

Les trois autres voyageurs avaient eu plus de chance. Leurs blessures n'étaient pas graves. L'un d'eux, un garçon de café, avait cependant à la tête une affreuse ecchymose, d'où le sang coulait abondamment, mais les médecins ont déclaré que la plaie était superficielle.

Une dame paraissait assez sérieusement atteinte, mais sans que sa vie fût en danger.

Enfin, la quatrième personne, une jeune fille, échappée miraculeusement, saine et sauve, a pris la fuite à toutes jambes, sans qu'on ait pu savoir où elle était allée.

Comme le voyageur de l'impériale, le cocher avait été tué sur le coup. Et coïncidence lugubre, c'est à la tête, lui aussi, qu'il a été atteint. Il a eu le crâne fendu de haut en bas. Quand on l'a relevé, toute la figure s'est enlevée comme un masque sanglant... C'est un nommé Bois, âgé de 40 ans, habitant Montreuil.

Enfin, le garde Lemoyne, atteint au moment où il venait d'ouvrir la seconde barrière, pour donner passage au tramway, a été tamponné en même temps que l'avant-train de la voiture.

Le malheureux a eu les deux cuisses coupées ; on l'a emporté agonisant à l'hôpital Saint-Antoine, où il a été placé salle Saint-Christophe, lit 36. Il est âgé de 34 ans, marié et père de famille !...

On devine l'émotion causée par cet accident, non-seulement dans le quartier, mais encore dans tout Paris, où les voyageurs du train 46 en avaient donné la nouvelle. Le train 46, en effet, n'avait eu aucune avarie. La lanterne de la locomotive seule avait été cassée. Il avait donc continué son chemin.

On a retiré le tramway de la voie où il s'était couché. Il a été traîné jusqu'au coin des rues d'Avron et des Pyrénées, où les débris ont été réunis, en attendant qu'un camion spécial vînt les enlever. On s'est demandé comment, dans un choc pareil, tous les voyageurs n'avaient pas été broyés. Les patins de fer des roues, épais comme la main, sont brisés nettement. Les barres, les ressorts, sont ployés ou cassés, les panneaux sont en miettes, tout un côté de l'impériale a disparu, il n'en reste plus traces.

Sur la voie, à côté des cadavres sanglants des deux principales victimes, M. Dambreville, commissaire de police de Belleville — de service ce jour-là pour l'arrondissement — faisait son enquête, entouré des employés du chemin de fer et des témoins de l'accident. L'enquête était facile, puisqu'on sait comment l'accident est arrivé.

A huit heures, on a fait porter à la Morgue le cadavre du voyageur inconnu. Peu après, une tapissière est venue prendre celui du cocher Bois, pour le conduire à Montreuil, où habite sa famille.

C'était un tableau à la fois pittoresque et terrifiant que celui du transport de ces cadavres, enveloppés dans une serpilière d'où le sang tombait goutte à goutte, et sous laquelle, à la lueur rouge et vacillante des torches de résine tenues par les gardiens de la paix, les formes humaines semblaient s'agiter faiblement.

Pendant qu'on déposait le corps de Bois sur la paille qui garnissait la voiture, un de ses camarades racontait une particularité singulière : hier matin, le cocher Bois était arrivé à la station dix minutes après l'heure réglementaire. Par mesure disciplinaire, on l'avait remplacé par un autre. A midi, il demanda à reprendre son service, et y fut autorisé... Quatre heures après, il était victime de l'accident.

24 janvier. — Le voyageur de l'impériale qui avait été porté à la Morgue a été reconnu le lendemain par sa famille ; c'était un employé du ministère des finances, nommé Holeville, il était âgé de 51 ans, il a laissé une veuve et deux enfants, dont l'un est également employé au ministère.

Il avait été traîné pendant quelques instants par la locomotive avant d'être rejeté dans l'entrevoie. Dans la secousse, ses vêtements avaient été déchirés, et c'est en déblayant la voie, qu'on a trouvé à terre une carte de la société de prévoyance des employés portant son nom. C'est grâce à cette carte qu'on a pu avertir son chef de service, qui est allé le reconnaître à la Morgue. M. Holeville était en congé provisoire depuis quelques jours, s'étant, dans une chute, contusionné le bras droit.

Le garde-barrière Lemoyne est considéré comme perdu. Ce malheureux a deux enfants, un fils de 18 ans, et une fille de 17.

L'enterrement du cocher Bois a eu lieu aux frais de la Compagnie des tramways-Sud. Le Conseil d'administration de cette Compagnie et un grand nombre d'employés y assistaient.

Bois a laissé une veuve et deux enfants. Le garçon de café blessé au front est M. Lambert, 176, rue Saint-Maur ; il a eu la peau enlevée par un éclat de verre, ce qui explique l'aspect effrayant au premier abord d'une plaie peu grave en réalité. La jeune fille qui n'a eu aucun mal est Mlle Kahn ; c'est la fille d'un chef de station de Champigny ; elle est professeur de piano.

Enfin, de même que les chevaux, qui se trouvaient avoir dépassé la voie, n'avaient pas été touchés, le conducteur Baduel, qui avait mis pied à terre et suivait derrière le tramway, n'a pas même reçu une éclaboussure.

Par suite de la rupture d'une aiguille brisée par la chute du tramway, la circulation n'a eu lieu, le lendemain, que sur une seule voie.

On se demande encore comment le malheureux Lemoyne a pu oublier l'heure précise du train 46. Il est probable que la manœuvre du train de marchandises l'aura distrait. En outre, si, comme on l'a affirmé, l'accident a eu lieu à 4 h. 2 m., le train 46 devait être légèrement en avance. Ce train part en effet de Charonne à 4 h. 1 m. et arrive à l'avenue de Vincennes à 4 h. 06.

Le passage à niveau étant à peu près à égale distance des deux stations, le train n'y devait passer que vers 4 h. 3 m. et demie, ce délai suffisait pour la traversée du tramway. Enfin, il paraît que le bruit du convoi de marchandises a empêché d'entendre les signaux de l'arrivée du train 46, de même que ce convoi a masqué la vue de la voie. Quelle réunion de fatalités !

Il résulte de l'enquête, et des constatations faites par M. le commissaire de police de Belleville et les dépositions des témoins, que la version primitivement adoptée a été sensiblement modifiée, et en outre que la responsabilité du garde-barrière Lemoyne est beaucoup moindre qu'on ne l'avait cru d'abord.

25 janvier. — Lemoyne a passé une nuit affreuse et quand le lendemain matin il a subi l'amputation des deux jambes, sa situation était telle que le bruit de sa mort a couru. Les médecins ont défendu de l'interroger, il a donc fallu chercher la vérité en dehors de lui.

On s'était d'abord étonné que le garde, fort au courant de la marche des trains, eût oublié l'heure du passage et fût allé ouvrir les deux barrières au moment où le train 46 allait arriver. On se demandait aussi comment, en ouvrant la barrière au-devant des chevaux, il avait été atteint, tandis que ceux-ci n'avaient pas été touchés. C'est alors que s'est produite une nouvelle version : ce n'était pas, disait-on, en ouvrant la seconde barrière (du côté de Montreuil), mais après avoir ouvert cette barrière, que Lemoyne avait été frappé : voyant le résultat de son erreur, il avait voulu faire reculer les chevaux et avait été tamponné.

Ce n'était pas encore la vérité. Il a fallu recueillir les dépositions de près de 30 témoins. Quelques-uns se contredisaient, mais la plupart — comme celle du garçon de café Lambert, du conducteur Baduel, de deux ou trois habitants de la rue, dont l'un, un marchand de vin, se trouvait précisément accoudé sur la balustrade de clôture — se complétaient mutuellement. On a ensuite fait, en présence des représentants de la Compagnie de l'Ouest, du chemin de fer de Ceinture et des tramways-Sud également intéressés, les expériences figuratives sur le lieu même du sinistre en présence des témoins, et on est enfin arrivé à re- constituer la scène.

Le train de marchandises, venant du côté de Vin- cennes, passait lentement sur la voie descendante côté de Paris, les deux barrières étaient fermées. Le tramway arrivant de la place du Trône attendait pour passer.

Le garde Lemoyne, avisé de l'arrivée du train 46, par la gare de Charonne, le signalait à son tour à son collègue du cours de Vincennes. Ceci fait, il venait se remettre à son poste, le long de la barrière extérieure (côté des fortifications), d'où il pouvait voir venir le train de voyageurs, qui ne se trouvait pas encore en vue.

Le train de marchandises ayant dégagé le passage à niveau, Lemoyne, sollicité par plusieurs piétons qui attendaient du côté de Montreuil, leur ouvrit la bar- rière. Ils passèrent en courant. Il allait en faire au- tant pour leur ouvrir la porte du côté de Paris, lors- qu'il aperçut le tramway qui s'engageait au petit pas sur le chemin de fer. En voyant le garde ouvrir la barrière extérieure aux piétons, une personne trop zélée avait également ouvert la barrière intérieure au tramway.

Sachant que le train de voyageurs arrivait à grande vitesse, Lemoyne épouvanté s'élança au-devant des chevaux et tenta de les faire reculer. Ils étaient à ce moment à peine engagés sur la voie dangereuse et il était encore temps d'éviter la catastrophe.

Mais le cocher Bois — comme tous les cochers — n'aimait pas qu'on touchât à ses chevaux. Ne pouvant à cause des dernières voitures du convoi de marchandises, voir ce qui se passait, et croyant que c'était par simple rigorisme que Lemoyne voulait le faire reculer, il enleva les chevaux d'un coup de fouet et fit avancer sa voiture, dont les roues de devant atteignirent la voie montante.

Lemoyne fut renversé sur la voie, le train 46 arriva... on sait le reste.

Maintenant, qui a ouvert la barrière au tramway ? Ne serait-ce pas le conducteur Baduel ? Il affirme que non, il prétend même ignorer le nom de la personne coupable. Pourtant, descendu de tramway pour attendre que la voie fût libre, il aurait pu, il aurait dû même voir cette personne. Mais non, n'insistons pas sur ce point.

Le coupable voyant Lemoyne ouvrir une des barrières, a cru bien agir en l'imitant, ce n'est point à nous de le chercher. Ce que nous voulions, c'est établir la vérité en ce qui concerne le malheureux Lemoyne, et c'est ce que nous avons fait.

30 *janvier*. — Lemoyne, qu'on avait un instant espéré sauver, n'a pu supporter les suites de la terrible opération qu'il avait subie, il a rendu le dernier soupir hier 29 janvier. Son état de faiblesse persistant, n'a pas permis de l'interroger ; c'est donc à

l'enquête seule et aux expériences comparatives qu'on a dû demander, qu'on a pu demander la part de responsabilité de chacune des trois Compagnies dans l'accident.

Les obsèques de Lemoyne ont eu lieu aujourd'hui mercredi à trois heures ; l'office funèbre a été dit dans la chapelle de l'hôpital Saint-Antoine trop petite pour contenir tous les assistants. Un grand nombre d'amis avaient voulu accompagner le défunt à sa dernière demeure. En outre, 150 employés de la Compagnie de Ceinture étaient venus faire cortége à leur collègue, mort en accomplissant son devoir.

Après l'office, le convoi s'est dirigé vers le cimetière du Père-Lachaise, où la famille Lemoyne possède un caveau de famille, les cordons du poêle étaient tenus par quatre employés du chemin de fer. Parmi les assistants, derrière les parents du défunt, nous avons remarqué plusieurs administrateurs et hauts fonctionnaires des Compagnies de l'Ouest et de Ceinture. M. le docteur Loiseau, conseiller municipal du IVe arrondissement, M. Veran, conseiller municipal de Charonne, etc.

LES EXPERTISES.

1er *février*. — A huit heures du matin, hier 31 janvier, MM. Adolphe Guillot, juge d'instruction, Macé, commissaire aux délégations judiciaires, Dambreville, commissaire de police de Belleville et Lévy, ingénieur expert près le tribunal de première instance, arrivaient au passage à niveau de la rue d'Avron, où les attendaient un ingénieur des chemins de fer de l'Ouest, un administrateur des tramways-Sud, un ingénieur de cette Compagnie, M. Lepage, inspecteur des tramways.

Au moment où les délégués mettaient pied à terre, une coïncidence bizarre a voulu qu'ils fussent témoins d'un passage de train absolument semblable à celui qui a été l'une des causes de l'accident. Un convoi de marchandises partant de la gare annexe des marchandises de Charonne, qui se trouve entre le passage à niveau et l'avenue de Vincennes, défilait devant la rue d'Avron, en même temps qu'arrivait en sens inverse le train de voyageurs parti de Courcelles à 7 h. 27, et qui avait quitté Charonne à 8 h. 01 m.

On a immédiatement constaté qu'entre le moment où le wagon du dernier convoi dégageait le passage à niveau et l'arrivée de la locomotive du train, il s'était écoulé un intervalle de *deux minutes*, c'est-à-dire plus qu'il ne faut pour le passage d'un piéton, pas assez pour celui d'une voiture, surtout quand elle va au petit pas.

Il est vrai qu'au dire de plusieurs témoins, le convoi d'hier contenait moins de voitures que celui du jour de l'accident, mais l'expérience répétée à 9 heures et à 10 heures avec un faux convoi, allant à la rencontre des trains réguliers, a donné des résultats presque identiques.

On a ensuite appelé les témoins, le conducteur Baduel, le garçon de café Lambert, M. Bertrand, le marchand de vins qui habite au coin de la rue d'Avron et qui se trouvait accoudé sur la balustrade de clôture au moment de l'accident, enfin le conducteur et le serre-frein vigie du train 46 et ceux du convoi.

La déclaration du conducteur Baduel établit que c'est lui qui a ouvert la barrière du train du côté de Paris. Voici sa déposition :

« Quand ma voiture est arrivée devant la barrière du passage à niveau, cette barrière était fermée pour laisser passer un train de marchandises. Je me suis mis à la tête des chevaux, à la demande de mon cocher pour les maintenir.

« La dernière voiture du train de marchandises une fois passée, le garde-barrière a ouvert la porte du côté de Montreuil, et est venu ouvrir celle du côté de Paris.

« Il a levé le loquet qui tient la porte par le bas, et pendant que je tenais mes chevaux d'une main, j'ai soulevé la fermeture d'en haut. Il a alors ouvert à lui seul la barrière du côté gauche, et a achevé d'ouvrir celle du côté droit que je n'avais fait que pousser avec la main qui me restait libre, service pour lequel il m'a dit : Merci.

« La voiture s'est engagée sur la voie et j'ai entendu Lemoyne dire à mon cocher de passer vite. Je me suis effacé pour la laisser passer, et c'est au moment où je mettais le pied sur le marche-pied et que je prenais la rampe que le choc s'est produit et m'a fait lâcher prise. »

Cette déposition est un peu contredite par Lambert, qui ne se souvient pas d'avoir vu le conducteur monter sur le marche-pied, et aussi par d'autres témoins, qui disent que Lemoyne est resté à la porte de Montreuil, et qu'il n'a pas traversé pour ouvrir celle du côté de Paris.

Ce serait donc Baduel qui aurait ouvert seul cette porte.

Du reste, tout le monde, aux environs du passage à niveau, a l'habitude d'agir de même, et *tout le monde, le cas échéant, eût ouvert la fatale barrière sans hésiter*.

Lors de l'ouverture du chemin, il y a une quinzaine d'années, il passait là *un train toutes les deux heures*. Et encore ils n'avaient lieu que dans la journée, *aussi un seul garde suffisait grandement à la besogne*. Il pouvait, sans se gêner, fermer les portes cinq minutes avant le passage de chaque train et les rouvrir ensuite tranquillement. La circulation était également très-faible dans la rue, et la garde n'offrait aucune difficulté.

Mais depuis, d'année en année, le nombre des trains a augmenté, ils vont maintenant de demi-heure en demi-heure dans chaque sens. Les convois de marchandises sont aussi devenus fréquents. Deux fois par semaine, le marché aux bestiaux augmente encore la circulation... et cependant, il n'y a toujours qu'un seul garde ; de 5 heures du matin à 10 heures du soir, il n'a pas un instant de repos. Tous les quarts d'heure, il lui faut fermer les barrières, faire les signaux, puis vite ouvrir les barrières à la foule interminable de voitures qui s'est amassée de chaque côté. Quelquefois, ces voitures ne sont pas encore toutes passées, qu'un coup de corne retentit, avertissant le garde qu'il faut refermer de nouveau. Pendant qu'il court à une barrière, on rouvre l'autre, de là des discussions interminables, des disputes quelquefois.., et le train arrive pendant ce temps.

Aussi, pour aider à la rapidité de la manœuvre, dès que Lemoyne ouvrait une barrière après le passage d'un train, on s'empressait d'ouvrir l'autre.

C'était d'autant plus facile que le plus souvent, elles n'étaient que poussées, et qu'aucun verrou n'était mis.

M. Bertrand, le marchand, a déclaré qu'il avait vu Baduel pousser la barrière. Cette barrière était-elle fermée, et est-ce Lemoyne qui est venu ouvrir le verrou du bas, comme le dit le conducteur? M. Bertrand ne le croit pas, il n'a pas vu Lemoyne quitter le côté de Montreuil.

Devant MM. Guillot et Macé, Baduel, un beau garçon d'une trentaine d'années, à la face ouverte et franche, a répété la manœuvre faite selon lui par

Lemoyne. Ouverture de la demi-barrière de gauche, en la repoussant violemment, ouverture presque simultanée de la demi-barrière de droite, course le long de la voiture à droite et tentative d'arrêt des chevaux, malheureusement incomprise. C'est presque la version de la première enquête : Lemoyne d'abord ne voit pas le train à cause du convoi de marchandises, il ne le voit pas davantage lorsqu'il traverse la voie, parce qu'il est derrière le tramway ; ce n'est qu'en arrivant à la tête des chevaux qu'il l'aperçoit, il est trop tard...

Le passage du tramway-Sud, n° 424, qui va de la place du Trône à Montreuil, donne l'occasion d'une nouvelle expertise; on lui fait jouer la scène à nouveau, au grand déplaisir des voyageurs, qui ne sont qu'à demi rassurés, en se voyant arrêtés au milieu de la voie, à la place même où s'est produit l'accident; on lui fait prendre en effet le point exact où se trouvait la voiture lorsque la locomotive l'a atteinte.

M. Macé et les ingénieurs montent sur la plate-forme, afin de constater si de ce poste, on peut voir ce qui se passe en avant, et si réellement Baduel a vu les gestes de Lemoyne.

Ces constatations faites, les voyageurs partent avec un soupir de soulagement.

Après plusieurs expertises et contre-expertises sur le fait de savoir, s'il est possible à aucun étranger d'ouvrir du dehors une barrière fermée *régulièrement*, c'est-à-dire avec les deux fermetures du haut

6

et du bas, on passe à une dernière question : les signaux ont-ils été faits *réglementairement?* Cette question soulève des discussions techniques.

Telles sont les expériences qui ont eu lieu, et qui démontrent pleinement que la véritable cause de l'accident est l'*insuffisance évidente d'un seul homme pour un service aussi important et aussi compliqué.*

En présence des résultats d'une expérience semblable, en présence d'un accident qui peut se renouveler à chaque instant, soit par la fatigue, soit la faillibilité d'un homme, on se demande pourquoi les Compagnies ne remplacent pas cet homme qui peut s'enivrer, qui peut se tromper, qui peut devenir subitement fou ou paralysé, qui peut mourir enfin — ou ce qui est plus simple encore, dont la montre peut retarder — autant de causes épouvantables d'accidents;—on se demande comment les Compagnies n'ont pas songé à remplacer l'homme, toujours faillible, par la machine automatique, dont le jeu est implacablement régulier et qui, elle, ne se trompe jamais.

Mais, cette machine existe-t-elle? Oui. J'en ai déjà parlé : c'est le *Protecteur Leblanc et Loiseau.*

XV. — Le Protecteur Leblanc
et Loiseau.

Au moyen de cet appareil, le public est averti à une très-grande distance *par le train lui-même*. Quelques minutes avant son arrivée, un grand tableau rouge, éclairé la nuit, est mis à découvert et porte ces mots, en grosses lettres : « *Défense de passer.* »

En même temps, une puissante sonnerie électrique retentit, et dure pendant tout le temps que le danger subsiste.

C'est le train lui-même qui détruit ces signaux après le passage.

L'ouverture et la fermeture de l'appareil ont lieu au moyen de pédales automatiques, qui ne se dérangent jamais, et peuvent — les inventeurs le garantissent — fonctionner sans réparation pendant vingt-cinq à trente ans.

Je crois inutile de décrire techniquement cet appareil. Tout le monde a pu le voir fonctionner à l'Exposition d'Électricité. On peut aussi, si on le veut, demander tous les renseignements à MM. Leblanc et Loiseau, 57, rue Fontaine-au-Roi, à Paris.

Cet appareil serait, en même temps qu'un gage de sécurité pour tout le monde, une véritable économie pour les Compagnies, car, somme toute, une fois installé, il dispenserait des appointements d'un garde.

Pourquoi donc n'est-il pas partout?

Cette réflexion faite, je reprends ma sinistre nomenclature, dans laquelle on verra plusieurs fois encore l'utilité de cet excellent instrument.

XVI. — Les accidents de 1878 et de 1879.

Le 1er juillet 1878, le train de Paris qui devait arriver à Toulouse à midi 45 minutes a subi un retard de cinq heures par suite de deux accidents.

Le premier est arrivé à la machine, le second s'est produit près d'Argentat ; le train lancé à toute vitesse a broyé sur son passage des barrières à claire-voie, qui servaient à faire traverser la voie aux bestiaux, le garde-barrière a été tué.

Le 12 juillet 1878, une terrible catastrophe est arrivée, à 11 h. 57 du matin, sur la ligne entre Vitré et Châteaubourg.

Le train a déraillé, et les voitures ont roulé du haut d'un talus de 8 mètres de profondeur, il y a cinq morts et huit blessés.

Voici les noms des voyageurs qui ont péri : Guillaume Noiseux, entrepreneur à Saint-Brieuc ; Léonis

Cahours, homme d'affaires à Laval ; une dame dont on ignore le nom, le chauffeur et un des conducteurs du train.

Les agents de la Compagnie de l'Ouest, emmenant plusieurs médecins, se sont rendus immédiatement avec un train de secours sur le lieu de l'accident. Les blessés transportables ont été amenés à Rennes, les autres sont soignés dans les maisons du voisinage.

Voici les détails que me fournit un témoin oculaire :

Le choc avait été si violent, que la machine, au lieu d'être à la tête du train, se trouvait à l'arrière, les wagons ayant, pour ainsi dire, sauté par dessus la locomotive ; le spectacle était affreux, la machine, le tender, les wagons étaient tombés pêle-mêle les uns sur les autres, et ne formaient plus qu'un monceau de débris : le déraillement s'étant produit dans une courbe, et au moment où le train était lancé à toute vitesse, on comprend facilement que les conséquences de l'accident aient été terribles ; sur les vingt-cinq voyageurs qui se trouvaient dans le rapide, cinq ont été tués, et douze grièvement blessés. Le train qui a déraillé était suivi par deux autres trains ; ceux-ci, avertis par des signaux de détresse, s'arrêtèrent à environ 1500 mètres du sinistre.

Le 20 juillet 1878, le train mixte, à Longwy, a déraillé à 6 heures. Il contenait onze voitures chargées de houille et de fonte. Le chauffeur a eu un bras cassé, le mécanicien et le garde-frein ont été contusionnés. La machine et les trois premiers wagons ont été broyés.

Le train express de Paris, pour Cherbourg, le 18 *août* 1878, à minuit, a déraillé à deux heures du matin, entre Breval et Bueil, le conducteur-chef a reçu une contusion à l'épaule, les deux voies ont été obstruées ; l'accident paraît dû à un rail brisé.

Le 14 septembre 1878, à huit heures du soir, a eu lieu, à Saint-Germain-des-Fossés, une terrible rencontre entre deux trains de marchandises, dans la courbe en déblai, qui précède la station de Saint-Remy (6 kilomètres de Saint-Germain), le chauffeur a été tué raide et deux employés ont été blessés.

Les deux voies sont restées interceptées toute la nuit, et le déblaiement ne s'est fait que lentement.

La Compagnie de P. L. M. *n'a pas voulu organiser un transbordement* entre les trains arrêtés de chaque côté, malgré la demande expresse de plusieurs voyageurs ; et cependant rien n'était plus facile, vu la proximité des gares de Saint-Germain et de Gannat.

Des employés attribuent la cause de cette catastrophe à la négligence des agents supérieurs de la Compagnie P. L. M., qui, malgré les avis réitérés des mécaniciens et chefs du train, n'ont pas voulu déplacer le disque de la station, que la courbe empêche de distinguer à plus de 100 mètres.

« Encore un accident de ce genre, disait un journal de la localité, et la Compagnie sera peut-être mise en demeure d'exécuter les améliorations de services réclamées sur bien des points. »

Ah! bien oui!

Le train n° 39, qui a quitté Paris *le 23 septembre* 1878, à 8 heures du soir, a déraillé vers trois heures du matin près de Liverdun; deux voyageurs ont été tués et neuf blessés, les deux voies ont été encombrées.

Le 24 septembre 1878, entre 10 et 11 heures du soir, le train omnibus n° 11, parti de Paris à 2 h. 35 de l'après-midi a été rencontré entre la gare de Châteauroux et de Luant, par un train de marchandises, qui avait franchi les signaux faits à cette dernière station : plusieurs voyageurs et agents de la Compagnie ont été blessés, dont cinq grièvement.

Le 10 octobre 1878, un train de marchandises qui traversait la gare du Cateau sans s'y arrêter, a pris en écharpe un autre train de marchandises en manœuvre; plusieurs wagons ont été complétement brisés.

A Valence, *le 19 décembre* 1878, le train de voyageurs n° 22, venant d'Arles, et arrivant en gare à midi 18 minutes, a pris en écharpe 4 wagons qu'on était en train de manœuvrer, et a déraillé par suite de la violence du choc.

Le conducteur du train, le sieur Raymond a été grièvement blessé. Transporté immédiatement dans une des salles de la gare, il n'a pas tardé à succomber, laissant, à 35 ans, une veuve et un enfant en bas âge, habitant Arles.

Le 23 décembre 1878, le train parti de Pontarlier à 5 *heures* 25 a déraillé.

Le 24 décembre 1878, à Arras, le train de voyageurs n° 40, venant de Lille, a pris en écharpe le train 1401, qui manœuvrait en gare à 6 heures 20; 4 wagons ont déraillé, le fourgon et le tender du train de voyageurs ont été brisés.

A Vernon, *le 24 décembre* 1878, à trois heures 20 minutes du soir, le train de voyageurs n° 268, allant de La Flèche à Sable, a déraillé près la gare de Vernon et s'est engagé sur une voie de garage dont on n'avait pas fermé l'aiguille.

La machine a heurté des wagons de balast, et en a écrasé un.

Le sieur Noquet, boucher à Satle, Mme Geret, de la Flèche, ont été contusionnés.

4 janvier 1879. *Bruxelles.* L'express de Paris, qui devait entrer en gare à 10 h. 30 du soir, a déraillé près de Busigny. La machine, deux fourgons de tête sont sortis du rail, ainsi que trois voitures de voyageurs. Plusieurs contusionnés.

Le 18 janvier 1879, le train-poste venant de Bruxelles a déraillé à Basilly, entre Enghien et Alt, par suite de la rupture d'un rail.

Le mécanicien, le chauffeur et deux autres personnes ont été tués.

Il y a eu dix blessés, parmi lesquels se trouvent

les barons Dussart et d'Ogimont, qui ont eu les jambes fracturées.

A Lunéville, *le 19 janvier*, la locomotive n° 315, en tête d'un train de marchandises, quittait vers 10 heures du soir, la station de Blainville, lorsqu'à une centaine de mètres de la gare, elle fut violemment tamponnée par la locomotive n° 50, qui manœuvrait en ce moment. Trois wagons furent complétement brisés; un quatrième wagon ainsi que la première machine et son tender furent fortement endommagés. Le mécanicien de la locomotive n° 50, le sieur Vallette, ainsi que le chauffeur, le sieur Wagner, furent, par suite de la force du choc, projetés en avant.

On attribue cet accident à un aiguilleur de la gare, qui n'avait pas fermé le disque pour avertir le mécanicien que la voie descendante était occupée.

A Lille, *le 31 janvier* 1879, à 7 heures du soir, un accident est arrivé sur la ligne du Nord à Chocques, près de Béthune; deux trains se sont rencontrés, il y a eu de nombreux blessés.

Un accident terrible est arrivé sur le chemin de fer d'Épinal à Mirecourt, dans la nuit du 20 *février*. Un train de marchandises a déraillé près de la gare de Dompaire. Le sous-chef de gare, le chauffeur et un autre employé ont été tués, le mécanicien a eu une jambe coupée.

Les wagons étaient amoncelés les uns sur les autres, et le train venant de Neufchâteau a éprouvé 7 heures de retard.

Le 2 mars 1879, le train de voyageurs n° 850, parti de Valenciennes, a heurté, à la station de Rosult, des wagons du train de marchandises n° 1761, restés sur la voie par suite d'une rupture d'attelage.

Sept voyageurs ont été blessés, dont deux ont eu les jambes fracturées.

A Rochefort, *le 18 mars* 1879, le train de voyageurs se dirigeant à 4 h. 20 sur Bordeaux a pris à revers et coupé en deux un train de marchandises qui n'avait pu se garer à temps. Le choc a été si fort que la machine du train de voyageurs s'est dressée tout debout et est retombée sur les rails. Une douzaine de voyageurs ont eu des blessures et des contusions.

A Grenoble, *le 18 avril* 1879, le train de voyageurs qui arrive à 10 heures du soir à Valence a coupé un train de marchandises près du passage à niveau qui conduit au polygone.

Deux wagons du train de marchandises ont été littéralement broyés. Cette rencontre est due à une fausse manœuvre du train de marchandises qui n'avait pu regagner assez vite la voie de garage.

Un accident grave est survenu *le 27 avril* 1879, sur la ligne de Tours.

Le train qui quitte cette ville à 6 h. 25 du matin, et qui doit arriver au Mans à 9 h. 22, a déraillé à 2 kilomètres environ d'Arnage.

Trois wagons ont sauté en dehors de la voie et une dizaine de personnes ont été contusionnées, parmi lesquelles plusieurs jeunes gens. Le train n'a pu reprendre sa marche que vers 11 heures.

Le 26 juin 1879, à 4 h. du matin, le train de marchandises allant de Nancy à Lagny a déraillé près de la gare de Champigneulles.

Deux des wagons ont été projetés à une dizaine de mètres de la voie. On attribue cet accident à une rupture d'essieu. La voie s'est trouvée interceptée une partie de la journée.

Le 24 juin 1879, le train de voyageurs partant de Longuyon pour Charleville à 6 h. 42 m. du soir a déraillé près de Villette.

La machine et le tender ont été précipités hors de la voie, et les wagons ont été fortement endommagés.

Le chauffeur a été tué raide. Quant au mécanicien, il a reçu de graves blessures ; 26 voyageurs se trouvaient dans le train, quatre d'entre eux ont été atteints.

On attribue ce déraillement au mauvais état de la voie.

Le 27 juin 1879, le train allant de Grenoble à Chambéry a déraillé.

Neuf voyageurs ont été blessés grièvement. Parmi eux le mécanicien.

Le mauvais état de la voie est la cause du déraillement.

Le 1er juillet 1879, un triste accident est arrivé sur la ligne de Nizan à Sore (Landes).

Faute de barrières protégeant la voie, une petite fille a été écrasée par le train.

Le 6 juillet 1879, le train n° 40, venant d'Amiens, a déraillé à un kilomètre environ de la halte d'Oudeuil. La locomotive, lancée au milieu des terres, a parcouru encore une soixantaine de mètres, et s'est renversée sur le côté. Le mécanicien, le sieur Latique, âgé de 47 ans, a été tué sur le coup. Le chauffeur Anquet, ainsi que le chef de train Vincent, ont été grièvement blessés.

Le train, composé de six voitures et de deux fourgons, contenait une soixantaine de voyageurs. M. Delaherche a été fortement contusionné.

On attribue cet accident à la rupture d'une roue de la machine.

A Caen, *le 17 juillet* 1879, vers 11 h. 40 m., au moment où, dans la gare, le train de Laval chauffait pour le départ, la chaudière a fait explosion, et ses débris violemment projetés à travers le vitrage de la toiture, par-dessus les bâtiments, sont tombés dans la gare. Le conducteur d'un omnibus qui se trouvait sur son siège a eu le crâne fracassé par un des éclats de la chaudière, et il est mort sur le coup.

Le 7 août 1879, l'express se dirigeant vers Paris. et passant à Montélimar à 2 heures du matin a rencontré, près de la gare de Châteauneuf-sur-Rhône, un train de marchandises en détresse.

Le choc a été effroyable ; cinq wagons et la machine ont été brisés.

Si la collision s'était produite cinquante mètres en avant, les deux trains tombaient dans le Rhône.

Un épouvantable accident est arrivé *le 15 août* 1879, sur la route d'Argentan à Granville ; le train de voyageurs n° 51, partant d'Argentan à 5 h. 30 du matin, s'est rencontré avec un train de marchandises, au poteau kilométrique n° 52, entre Flers et Montsecret-Tinchebray. Le premier jour, on comptait *huit morts :* quatre employés et quatre voyageurs.

Voici les noms de trois des employés de la Compagnie, qui ont été tués dans la collision : Bataille, mécanicien, Hamel, chauffeur, Quesnard, chauffeur.

Quatre blessés ont succombé par la suite ; le chiffre des morts s'élève donc à *douze ;* les blessés ont été au nombre de *trente-six*, parmi lesquels vingt ont eu des fractures, deux ont été obligés de subir l'amputation de la jambe.

Le 18 août 1879, le train direct de Bordeaux à Cette, a heurté un train de marchandises qui manœuvrait sur la voie réservée au train direct, à la gare de Trèbes.

Le choc a été si violent que dix wagons de marchandises ont été brisés.

Le 18 août 1879, accident à la gare de Triage, située à un kilomètre de la station de Villeneuve-Saint-Georges.

A la suite d'une fausse manœuvre, un train de marchandises avait été mis en mouvement, et le train de Paris, qui passait en ce moment, vint heurter la machine du train de marchandises. Plusieurs wagons et la machine du train de marchandises ont été renversés et brisés.

Le 17 septembre 1879, à midi, le train express venant de Paris a pris en écharpe un train de marchandises à la courbe de Fives, un peu avant d'arriver à Lille; 14 voyageurs ont été blessés et contusionnés.

M. Guibert, filateur à Amiens, a eu le nez brisé; M. Lavingston, négociant de Lille, a eu les dents cassées; et M. Rocher, employé des postes, a reçu un coup violent dans la poitrine.

Le 27 septembre 1879, déraillement à Bords (Charente-Inférieure), entre la gare de cette localité et celle de Tonnay-Charente.

Le 16 octobre 1879, sur l'embranchement d'Ambérieu à Montalieu, le train qui venait d'Ambérieu, quoiqu'il allât très-lentement à ce moment, a déraillé à environ 300 mètres de Montalieu; le mécanicien nommé Martin a été précipité sur la voie; il s'est fracturé une jambe et fait de fortes contusions en différentes parties du corps.

Dans la nuit du 21 *octobre* 1879, à Seyssins (Isère), l'express a pris en écharpe un train de marchandises, environ à 2,000 mètres après cette station. Un voyageur et un employé des postes ont été contusionnés.

Le 21 octobre 1879, déraillement sur la ligne du

Nord ; le train de marchandises n° 402, venant d'Arras, a été jeté hors de la voie, entre Albert et Méricourt. Plusieurs wagons ont été renversés et ont obstrué les deux voies. Le déblaiement a duré deux heures et la circulation a été complétement interrompue.

Le 28 *octobre* 1879, vers 5 heures du matin, un train de marchandises a déraillé sur la ligne de Blainville à Épinal, à un kilomètre environ de la gare de Bayon.

L'accident a été causé par la négligence de plusieurs hommes d'équipe, qui poussaient devant eux un wagonnet chargé de rails et qui s'enfuirent en entendant le train arriver sur eux, abandonnant le wagonnet sur la voie. La locomotive et cinq wagons du train ont été endommagés.

Le 16 *novembre* 1879, le train de marchandises. n° 1236, venant de Dunkerque, a tamponné en arrivant à la gare d'Hazebrouck, le train de marchandises n° 3234, qui faisait une manœuvre dans l'intérieur. Deux wagons ont été brisés ; le nommé Anniésé, chauffeur, a été grièvement blessé. Cet accident est dû à la négligence d'un aiguilleur qui a omis de fermer le disque.

Au Mans, *le* 22 *novembre* 1879, un train de marchandises qui stationnait entre la gare et le petit Saint-Georges, a été tamponné vers 11 h. du soir, par un train de voyageurs venu d'Angers.

Un voyageur a été gravement contusionné par suite

de la violence du choc, et plusieurs wagons de marchandises ont été endommagés.

Le 26 *novembre* 1879, à 5 h. 45 du soir, un train de marchandises venant d'Ambérieu a déraillé à 100 mètres de la gare des Brotteaux, à Lyon.

Trois wagons chargés de pierres de taille ont été traînés en dehors de la voie sur une longueur de 50 mètres et leur charge renversée.

Les rails et l'aiguillonnage ont été fortement endommagés, et la circulation n'a été rétablie que le lendemain.

XVII. — Opinion d'un vieux mécanicien.

On le voit, chaque année fournit son lugubre contingent.

Avant de passer aux plus récents accidents,—à ceux qui ont ému si fortement et si justement l'opinion publique, qu'on me permette quelques extraits d'une brochure, excessivement pratique, due à un homme du métier (1).

Je prends mon bien où je le trouve:

(1) *De la sécurité des voyageurs*. Mémoire adressé à la Commission des accidents, par F. Guimbert, ancien mécanicien des chemins de fer. — Paris, 1880. — En vente chez l'auteur, 77, avenue de Versailles.

« Par suite d'économies mal entendues, dit l'auteur, les Compagnies, dérogeant aux dispositions formelles de leur cahier des charges, ont supprimé en grande partie les gardes de ligne et surtout les gardes de nuit. Les mécaniciens, entendus par la commission parlementaire chargée d'examiner le projet de loi présenté par M. G. Casse sur les rapports des Compagnies de chemin de fer avec leurs agents commissionnés, ont déposé que, sur toutes les lignes, il faut faire de longs parcours avant de rencontrer un seul garde de nuit.

« Si la loi eût été respectée à ce sujet, nous n'aurions pas eu les terribles accidents du Pont de la Brague et autres, parce que les conducteurs des trains eussent été avertis, en temps utile, soit de la rupture des ponts sous l'effort des cours d'eau débordés, soit de l'ensevelissement de la voie sous des roches écroulées, soit enfin du fait que des malfaiteurs se sont introduits dans l'enceinte du chemin de fer pour y placer des pierres ou des poutres destinées à faire dérailler les trains.

« Les accidents de Nancy et d'autres, sur lesquels il existe des rapports détaillés au ministre des travaux publics, édifieront la Commission sur les funestes conséquences de la suppression plus ou moins complète des gardes de jour et de nuit. »

Parlant ensuite des enquêtes, M. Guimbert rappelle — ce que j'ai déjà dit — que c'est toujours sur les agents inférieurs que les Compagnies font retomber les responsabilités des fautes causées souvent par les négligences de la haute direction : « Comme le personnel des gares est aussi surmené que celui de la traction, il semblerait qu'elles aient préféré laisser peser la responsabilité de l'accident sur le mécanicien, accusé d'un défaut de vigilance, sur le mécanicien qui, placé en tête du train, est destiné à être tué le premier et mis ainsi dans l'impossibilité de fournir la preuve que les agents de la gare ont été en défaut.

« Or, s'il a été tué, aucun de ces agents n'osera venir attester, dans la crainte d'être révoqué, qu'il n'a pas manqué de vigilance (1). Et ce qu'il y a de plus navrant dans cette situation — qui se présente malheureusement trop souvent — c'est que, les conclusions de l'enquête du contrôle confirmant les témoignages intéressés des agents de la gare, la veuve et les orphelins de la victime ne peuvent établir la responsabilité de la Compagnie, et n'obtiennent, par conséquent, aucune indemnité.

M. Guimbert établit surtout qu'une des grandes causes, une des causes principales des accidents, c'est la façon barbare dont on surmène les employés, qui, éreintés, tombant de fatigue et de sommeil, n'ont plus la lucidité qui leur serait si nécessaire pour leur difficile besogne (2).

(1) Voir, plus loin, ce qui s'est passé pour la catastrophe de Clichy.

(2) Voir les considérants pour l'accident de Petit-Croix, page 67.

« Messieurs les ingénieurs en chef de traction ont, dit-il, la regrettable habitude de déterminer le travail des mécaniciens et chauffeurs par les parcours kilométriques annuels.

« Il est cependant incontestable que, pour assurer un service dans lequel la sécurité des voyageurs est si profondément intéressée, il serait nécessaire d'accorder à ces agents un repos équivalant au moins à la durée de leur travail.

« Si la machine peut donner, sans réparation, un travail plus ou moins prolongé, plus ou moins satisfaisant, il n'en saurait être de même de l'homme qui ne peut conserver ses forces qu'en obéissant à des lois physiologiques impérieuses.

« Aussi, lui appliquer des moyennes, en d'autres termes, dire que, s'il n'a pas aujourd'hui le repos qui lui est nécessaire, il en jouira demain, de telle sorte qu'à la fin de l'année, il aura eu un nombre de journées de repos suffisant, c'est presque une cruauté !

« En effet, tout homme familier avec ce redoutable engin qui s'appelle la *Locomotive* sait parfaitement que sa conduite exige une présence d'esprit, un sang-froid, une attention imperturbables, la moindre distraction pourrait avoir les conséquences les plus graves. De là une tension d'esprit tout à fait extraordinaire et absolument impossible quand elle se produit au delà d'un temps donné.

« Les enquêtes sur les causes des accidents les ont souvent attribués à la négligence ou à l'inattention du mécanicien, tandis que ce dernier a fait, en réalité, les plus grands efforts pour triompher, dans l'intérêt de son service, de la fatigue qui l'accablait.

« Des circulaires ministérielles ont établi la nécessité, dans un intérêt de sécurité publique, de donner aux agents un repos en rapport avec la limite des forces humaines.

« Dès le mois d'octobre 1855, le ministre des travaux publics écrivait la circulaire suivante :

« Une opinion s'est depuis quelque temps répandue dans le public et semble s'accréditer de plus en plus à chaque nouvelle catastrophe : c'est que l'on peut attribuer en partie ces accidents à l'insuffisance du nombre des agents et à l'*excès de travail* qui serait ainsi imposé à chacun d'eux.

« Je vous invite à m'adresser un état complet des employés du service de la voie et de la traction, gardes de jour et de nuit, agents de stations, aiguilleurs, mécaniciens et chauffeurs, en indiquant, pour chacun d'eux, *le chiffre de son traitement* et *la durée de son travail journalier*. Vous me ferez connaître *si le taux de ce traitement et cette durée de travail* vous paraissent en rapport, d'une part, avec les conditions d'aptitude spéciale, de l'autre, avec le degré de fatigue et d'attention qu'exige la nature de chaque service. »

En 1856, nouvelle circulaire ainsi conçue :

« La durée du travail journalier doit être toujours en rapport avec le degré de fatigue ou d'attention qu'exige la nature de chaque fonction. Le service trop prolongé peut créer des dangers pour l'exploitation. Cette observation est surtout essentielle pendant la durée de la mauvaise saison. Elle doit s'appliquer plus particulièrement aux gardes, aux aiguilleurs, aux mécaniciens et aux chauffeurs, dont la ponctualité et la présence d'esprit sont indispensables pour assurer la sécurité de la marche des trains. J'appelle toute votre attention sur ce point important. »

Mais les ministres ne sont pas toujours obéis, même sous les gouvernements les plus autoritaires ; aussi vit-on les accidents se multiplier au point de rendre nécessaire une nouvelle circulaire, en date du 9 mai 1865, dans laquelle on lit ce qui suit :

« Des réclamations se produisent fréquemment au sujet du travail excessif qui serait imposé aux mécaniciens et chauffeurs sur les chemins de fer. On attribue généralement à ce travail trop prolongé la plupart des accidents que nous avons à regretter.

« Je vous prie de me faire connaître, aussi exactement que possible, quelle est la durée du travail quotidien de ces agents, en spécifiant le nombre d'heures qu'ils passent en route ou dans les dépôts, avant de rentrer dans leur domicile, *et le temps de repos qui leur est accordé entre deux voyages.*

« Vous voudrez bien remarquer, d'ailleurs, que ces renseignements ne doivent pas consister purement et simplement en une moyenne, attendu qu'une semblable indication ne ferait pas suffisamment ressortir le maximum de durée du travail des mécaniciens et chauffeurs. Or, c'est précisément ce maximum qu'il m'importe de connaître, et, à cet effet, j'ai besoin de chiffres précis résultant des ordres de service. »

Arrivons à la situation actuelle :

« La Commission parlementaire dont nous avons parlé a reçu, des mécaniciens de tous les réseaux, communication de roulements de service établissant des durées de travail excessives. Ces mécaniciens ont en même temps supplié, dans l'intérêt de la sécurité publique, d'en donner connaissance à M. le ministre des travaux publics.

« Cette question de la durée du service est de la plus grande importance ; donnons-en une preuve entre mille :

« Le 4 juin 1878, le mécanicien Misset, du dépôt de Mâcon (P.-L.-M.), remorquant un train de marchandises de soixante wagons allant à Chagny, arrive près du disque qui protége cette gare. La voie est fermée pour laisser aux voyageurs le temps de traverser les voies principales. En ce moment, le malheureux, arrivé à sa *vingt et unième heure* de service réglementaire, lutte vainement contre un sommeil irrésistible. Il peut cependant arriver à Chagny ; mais là, exténué de fatigue, il ne fait rien pour arrêter son train, et franchit la gare au moment où plus de cinquante voyageurs s'éparpillent sur les voies ! Réveillé à leurs cris, il ne peut cependant arrêter son train qu'à l'entrée du tunnel, à 150 mètres au delà !

« Le commissaire de surveillance administrative, le chef de gare, le chef de dépôt ont constaté que ce mécanicien avait manqué de vigilance, qu'il dormait, que le chauffeur n'avait pas serré son frein, que probablement il dormait aussi. Malgré tous ces rapports, pas de révocation, pas de descente de classe, pas d'amende, pas de police correctionnelle. Il est vrai que Misset a énergiquement refusé de se séparer de ses bulletins de traction qui établissent la durée anormale de son service...

« Il résulte d'un document que nous a transmis un agent de P.-L.-M. que, dans le mois de juin dernier, il a fait quatre cent cinq heures vingt-cinq minutes de travail...

« Sur la ligne de l'Est, ces jours-ci, un mécanicien du dépôt d'Épernay a franchi plusieurs gares malgré les arrêts réglementaires. Il venait d'effectuer sans repos un travail supérieur aux forces humaines. Il a dû payer une amende de 20 francs. »

Comment voulez-vous qu'un homme, ainsi épuisé de fatigues, puisse éviter un accident ?

Encore, lorsque la fatigue le contraint à céder quelques instants au sommeil, le mécanicien a-t-il, près de lui, un bon second ? Écoutez encore ce que vous dit M. Guimbert :

« Après les nombreux accidents dont les mécaniciens ont été victimes dans l'exercice de leurs fonctions, il semblerait de la plus vulgaire prudence que l'auxiliaire qui leur est donné pour la conduite des trains, le chauffeur, possédât deux aptitudes indispensables : la notion complète du travail de la machine et la connaissance des signaux.

« Malgré l'assertion de M. l'ingénieur Marié, de Paris-Lyon-Méditerranée, que le chauffeur n'est pas le premier venu, il est certain que très-souvent les mécaniciens sont obligés de recevoir comme chauffeurs des hommes de peine n'ayant pas les connaissances indispensables pour un bon service.

« C'est un fait qu'ont affirmé les mécaniciens appelés devant la Commission parlementaire. L'un d'eux, au service de la Compagnie du Nord, a déposé qu'ayant, dans l'intérêt de la sécurité des voyageurs, refusé, à trois reprises différentes, de partir avec des hommes de peine, il a été mis à la retraite.

« Qu'on se rappelle l'accident du 30 janvier 1867 sur la ligne de Marseille à Arles, accident motivé par l'inexpérience du chauffeur ! »

Mais, une fois descendus de la locomotive, se reposent-ils bien au moins ?

Écoutez toujours la révélation de M. Guimbert.

« Il serait nécessaire, pour assurer la surveillance du service de traction, que dans tous les dépôts, il y eût un agent du contrôle chargé du dépouillement quotidien de registres relatant tous les incidents de l'exploitation, comme les causes des retards, des avaries, les accidents, les réparations demandées par les mécaniciens, etc., etc., et obligés de tenir un compte particulier de tous ceux de ces faits qui seraient de nature à exercer une certaine influence sur la sécurité des transports.

« Il examinerait avec attention les roulements de brigade et contrôlerait la durée du service.

« Le ministre, a, en effet, le droit d'intervenir pour assurer la sécurité publique par la sincérité de ces roulements.

« Ceux qui lui sont présentés ne donnent pas la durée réelle du travail, travail qui commence au moment où le mécanicien met le pied dans l'enceinte du chemin de fer et ne finit que lorsqu'il rentre chez lui.

« M. le baron de Janzé, député des Côtes-du-Nord, a proposé, à ce sujet, que chaque mécanicien ait un livret sur lequel le concierge du dépôt inscrirait l'heure de son entrée et de sa sortie. Le contrôleur du dépôt pourrait ainsi s'assurer de la durée réelle du service.

« Disons que le repos véritable est celui que l'on prend chez soi; c'est ainsi, au surplus, que l'entendait le ministre, quand il disait dans sa circulaire du 9 mai 1865 :

« Spécifiez le temps de repos qui leur est accordé entre deux voyages. »

« En effet, le retard des trains, les maladies des uns ou des autres suppriment souvent tous les repos portés sur les roulements de brigade.

« Le repos pris dans les dépôts intermédiaires ne

saurait, d'ailleurs, être considéré comme équivalent à un repos entre deux trains ; par cette raison que, dans ces dépôts, les mécaniciens et chauffeurs doivent, sous peine d'amende, veiller au feu du foyer et à la tension de vapeur dans la chaudière.

« Les Compagnies obligent ces agents à passer quelques heures dans des corps de garde ou dortoirs infects, ouverts à tout venant, et au milieu du bruit infernal des machines (1). Ce n'est pas là un repos suffisant pour réparer des forces épuisées et qui leur permette de conduire, avec une entière liberté d'esprit un train de voyageurs sur un long parcours. »

C'est à la fin de 1879 que M. Guimbert écrivait cela.

Une terrible catastrophe n'allait que trop appuyer tous ces raisonnements.

XVIII. — La catastrophe de Clichy-Levallois.

Le 3 février 1880, vers sept heures du soir, le bruit se répandait sur les boulevards, qu'un épou-

(1) Citons notamment ceux de Montereau, de Troyes et du Mans. (Note de M. Guimbert.)

vantable accident venait de se produire sur la ligne de l'Ouest, à peu de distance de la station de Clichy-Levallois.

Il y avait, disait-on, sept ou huit morts, trente à quarante blessés.

Bien qu'on crût à une exagération, on courut aux renseignements.

Hélas! la nouvelle n'était que trop vraie, et les faits étaient encore plus sérieux qu'on ne le disait.

On sait combien est chargé le service du chemin de fer de l'Ouest. Resserré dans une gare beaucoup trop petite et dont, depuis des années, la Compagnie s'épuise en efforts pour tirer tout le parti possible, il est excessivement difficile et compliqué.

Forcément, les divers trains partent sur les mêmes voies et ne peuvent se séparer, pour prendre leurs voies distinctes qu'à des bifurcations plus ou moins éloignées.

A six heures partait le train 127, train *omnibus* qui s'arrête à Asnières, Bois-Colombes, Colombes et Argenteuil. Il faisait un atroce brouillard, et le mécanicien qui conduisait le train dut prendre les plus grandes précautions pour sortir sans encombre de la gare, qui s'étend jusqu'aux fortifications.

Un quart d'heure après — réglementairement — doit partir le train nº 23. Mais, comme — à cause du brouillard — le 127 n'était parti qu'à six heures et quelques minutes, le 23 était à très-peu de distance derrière.

Le mécanicien, cependant, allait à la vitesse réglementaire.

Tout à coup, il aperçut devant lui, le feu d'arrière du 127, et en même temps, une immense clameur lui apprit qu'on avait aperçu son train arrivant sur l'autre. En effet, le train 127, arrivé en retard à Clichy-Levallois était là, à quelques mètres, et il n'était plus temps d'arrêter...

Un choc terrible se produisit...

Il est inutile de décrire la scène d'horreur et de confusion qui suivit la catastrophe ; les cris des blessés et les appels désespérés des survivants s'entendaient à une grande distance.

Les secours furent rapidement organisés par M. Tassin, directeur de l'usine à gaz de Clichy, M. le docteur Villeneuve, maire, M. Guénin, commissaire de police, le docteur Knops, etc., etc., et, tandis qu'on relevait les morts, pour la plupart horriblement mutilés, un train appelé de Paris venait opérer le transport des blessés.

Dès les premières nouvelles de l'accident, une foule considérable avait envahi le côté d'arrivée de la gare Saint-Lazare, rue d'Amsterdam, des scènes déchirantes eurent lieu et se prolongèrent fort tard dans la soirée ; car l'Administration ne pouvait donner d'indications certaines sur aucune des victimes.

A neuf heures, on signala le retour du train envoyé sur le lieu de la catastrophe ; l'anxiété redoublant, les employés furent assaillis par de nombreuses personnes affolées à la pensée qu'elles allaient peut-être voir morts ou horriblement blessés quelques-uns de leurs parents ou de leurs amis.

Pour éviter l'invasion, une consigne rigoureuse interdit l'accès du quai d'arrivée et de la salle des bagages où l'on déposait les victimes.

A neuf heures et demie, l'aspect de cette vaste salle était atrocement émouvant.

Sur des chariots à bagage, on avait disposé à la hâte des matelas et les blessés y étaient placés.

Ce fut d'abord le chauffeur du train n° 23. Ce malheureux avait la figure remplie de sang. A chaque expiration un filet rouge sortait de sa joue transpercée.

A grand'peine on le hissa sur une voiture qui le transporta à l'hôpital Beaujon.

Une dame demeurant à Asnières fut ensuite apportée. Le bas de sa jambe droite n'était qu'un caillot de sang ; le matelas en était inondé.

Toute la nuit, les employés et ouvriers de la Compagnie furent occupés à dégager la voie.

Quand les ouvriers de l'équipe des manœuvres et les monteurs arrivèrent de leurs chantiers respectifs à Clichy, on les dirigea tour à tour, par groupes de soixante, vers le lieu de la catastrophe, où ils durent tout d'abord enlever les débris des quatre wagons.

On ne peut — détail étrange — se figurer le nombre de chapeaux haute forme, de cannes brisées, de lambeaux de vêtements ensanglantés qu'ils ont eu à enlever.

Le tout a été mis en lieu sûr, pour que les familles des morts puissent réclamer ces dernières reliques.

C'est à quatre heures du matin seulement qu'on a eu fini de déblayer la voie pour la rendre à la circulation.

La petite station de Clichy-Levallois consiste en une sorte de baraque fort simple, que les voyageurs des trains directs remarquent à peine au passage.

Elle était trop petite et trop primitive pour qu'on pût y placer les blessés.

On les amena donc à Paris, où attendait une foule anxieuse.

Le train de six heures est justement celui qui transporte ordinairement le plus grand nombre de journalistes et d'artistes habitant Asnières. Il n'est donc malheureusement pas étonnant qu'on ait à déplorer plusieurs accidents dans cette catégorie de voyageurs.

Dans le courant de la nuit, on commence à faire la funèbre nomenclature des victimes.

Voici celles qu'on désigne tout d'abord. Morts :

M. Henri Marette, architecte, 16, place Vendôme ;

M. Descamps, instituteur à Colombes ;

M. Friederich Robert, commissionnaire en marchandises, rue d'Enghien, 38 ;

M. Rouard, 5, rue Neuve-Saint-Augustin ;

M. Lambert de Lacroix, 63, rue de Provence ;

M. d'Allemand, ancien président de chambre à Pau, 7, rue des Carbonnets, à Bois-Colombes ;

M. L. de Puyferra, 41, faubourg Montmartre ;

M. Du Colombier de Chauvaignes père, 79, rue des Aubépines, à Bois-Colombes.

Blessés :

M. Dieudonné, mécanicien du train 23 ;

M. Mucaine, chauffeur du train 23 ;

M. Morel, conducteur du train 127 ;

M. Dupré, employé de la Compagnie ;

M. Bonneau, employé de la Compagnie.

A ASNIÈRES

Mme Fosser, 5, rue du Presbytère ;

M. Paul Jacquemard, rue Vieille-d'Argenteuil ;

M. Emile Main, 124, boulevard Voltaire ;

M. Haymé, artiste des Bouffes ;

M. Jolly, artiste des Bouffes.

A ARGENTEUIL

M. Lacour, boulevard Corneille prolongé ;

M. Tantin, 55, Grande-Rue.

A BOIS-COLOMBES

M. Baudart, 8, rue Charpentier ;

M. le comte de Driouville, 2, impasse des Carbonnets ;

M. Picart, 14, avenue des Belles-Vues ;

M. Perrette, 33, rue des Carbonnets ;

M. Auguste Tauron, 3 *bis*, rue du Chalet ;

M. Champol, 66, rue des Carbonnets ;

M. Macaire, 61, rue Saint-Denis ;

Et un certain nombre de victimes habitant Paris ou la banlieue :

M. Dournel, 12, passage Tivoli ;

Mlle Tautin, rue du Château, à Neuilly ;

M. Eugène Lafaure, 9, rue du Sentier ;

Mme Lagarde, 64, rue des Moines, à Batignolles ;

Mme Macaire, 10, rue de Sèze.

Dans la liste des morts qu'on se passait avec terreur, plusieurs noms attiraient l'attention. D'abord celui de M. Lambert de Lacroix, — un charmant garçon, autrefois inspecteur des chemins de fer du Nord de l'Espagne, à Saint-Sébastien, et qui, depuis, avait donné sa démission, et s'était casé au *Moniteur officiel* de l'Empire, près de M. Dalloz, son ami. Ce dernier, dès que les noms de victimes commencèrent à circuler dans Paris, envoya au domicile de Lambert de Lacroix, espérant à une homonymie ou à une erreur de nom. — Mais hélas ! la nouvelle était vraie. — L'émissaire de M. Dalloz trouva l'infortuné sur son lit. On venait d'apporter son cadavre sur une civière. Il n'était pas défiguré, sa pâleur seule disait qu'il avait cessé de vivre. Chose bizarre, il avait son testament dans une de ses poches. Sa fin avait dû être foudroyante, car il avait eu du même coup la colonne vertébrale rompue et la tempe frappée. Lambert de Lacroix avait pris le train pour aller dîner chez un ami à Asnières. Il était depuis huit jours de retour de Bordeaux, où il avait été embrasser sa vieille mère.

On citait encore M. de Puyfera, retrouvé coupé en deux. Aimé dans le monde de la finance et des théâtres, il n'avait pas d'ennemis ; sa nature ronde et franche lui attirait la sympathie de quiconque l'approchait. A l'époque du siége, il avait pris du service dans un des forts confiés au courage des matelots devenus inutiles sur les bâtiments de l'État. C'était un garçon courageux et solide autant qu'il était bon. Très-lié avec le marquis de Rougé et Léon Sari, il ne manquait pas d'un esprit naturel qui le faisait accueillir et priser dans les cercles les plus difficiles en matière de menus-propos.

Puis M. Marette, l'architecte de la reine d'Espagne, par qui il avait été décoré tout récemment. M. Marette laisse une veuve et trois jeunes enfants.

Enfin, M. Rouard, de la maison Rouard et Beaupin, négociants-commissionnaires, 5, rue Neuve-Saint-Augustin.

M. Rouard venait depuis quelques jours seulement de se fixer à Bois-Colombes.

Il laissait une jeune veuve et trois enfants, dont le plus âgé avait quatre ans. Il était le soutien de son vieux père aveugle, qui habite les environs de Troyes. C'est une perte irréparable pour cette infortunée famille.

Dans les blessés, nous avons nommé Haymé et Jolly, deux acteurs bien connus.

C'est par miracle qu'ils avaient échappé à la mort.

Tous deux, en effet, au sortir de la répétition des Bouffes, s'étaient rendus à la gare Saint-Lazare, et avaient pris place dans la troisième voiture en arrière du train. Les deux dernières voitures étaient des wagons de seconde classe, la troisième était un wagon de première. Chacun des compartiments était au grand complet et les trois voitures avaient été littéralement broyées.

Nous voulûmes recueillir de la bouche même de l'une des victimes, heureusement échappée à la mort, des détails précis sur l'accident, et nous nous rendîmes chez M. Jolly, à Asnières.

Le pauvre artiste était couché, souffrant horriblement de tous les membres, le bras gauche troué, le pied droit démis, contusionné au dos, aux reins et aux jambes.

Voici ce qu'il nous raconta :

— Notre compartiment était plein. J'étais assis à côté d'Haymé, et nous causions de la pièce en répétition. A trois reprises déjà, notre train qui était parti de Paris avec douze minutes de retard, avait dû s'arrêter en plein champ pour obéir aux signaux des disques. Nous approchions de la station de Clichy-Levallois ; nous devions être tout près du petit cimetière que la voie longe en cet endroit. Le train s'arrêta tout à coup une quatrième fois, et pendant un temps qui nous parut assez long. Je ne sais pourquoi je me rappelai en ce moment avoir lu, avant de monter en wagon, dans la cabine de l'un des aiguilleurs, que dans les cas d'arrêt en dehors des stationnements ordinaires, le garde-frein placé à l'arrière du train est tenu de descendre et de jeter des pétards sur la voie pour avertir les trains qui pourraient être en route d'avoir à s'arrêter. Je me penchai à la portière, mais le brouillard était si épais que je ne pus rien voir. Toutefois il me sembla entendre le souffle d'une locomotive arrivant derrière nous. Presque au même instant d'ailleurs, notre train se remit en marche lentement.

Nous venions à peine de repartir, quand un choc effroyable ébranla notre compartiment. Puis, en moins de temps que je n'en mets à vous le raconter, je fus jeté violemment sous un amas de débris de cloisons et de vitres. Notre wagon venait d'être défoncé par le wagon qui le suivait, défoncé lui-même par le dernier wagon sur lequel la locomotive du train express était arrivée à toute vapeur.

Pendant une minute qui me parut un siècle, je me sentis traîné avec les débris qui m'enveloppaient, sans que je pusse me rendre compte de la situation dans laquelle je me trouvais et des chances que je pouvais avoir d'échapper à la mort. Puis j'entendis au-dessus de ma tête un énorme craquement. C'était la toiture du wagon qui s'effondrait et je sentis que je roulais dans le vide...

Ne sachant exactement où j'étais, j'avoue que je me crus perdu ; la pensée me vint que j'étais précipité dans la Seine. Un choc violent que je ressentis à l'épaule me rassura : je compris que je n'avais été jeté qu'en bas du petit talus qui borde la voie. Instinctivement j'essayai de me relever. J'y parvins non sans peine, je me tâtai. Je souffrais de partout, mais je pouvais me tenir debout, je pouvais marcher. Je n'avais donc aucune blessure grave.

Qu'était devenu mon camarade Haymé? Je l'appelai à plusieurs reprises, mais inutilement ; je questionnai les employés du train, qui couraient effarés dans toutes les directions. Aucun ne put me donner un renseignement. Le froid me gagnait. Je me traînai péniblement jusqu'à la gare, où j'eus le bonheur de trouver une voiture dont le cocher consentit à me conduire à Asnières.

Justement, ce soir-là, nous devions dîner chez Haymé, ma femme et moi. Je trouvai Mme Haymé et ma femme à la gare. Elles venaient d'apprendre l'accident et leur inquiétude était grande.

« Et Haymé ? » me demandèrent-elles en même temps.

Je dus avouer que j'ignorais ce qu'il était devenu. On me transporta dans ma chambre, je me mis au lit et j'envoyai chercher le médecin.

Pendant ce temps, Mme Haymé, affolée, courait aux nouvelles ; mais chacun était possédé de la même inquiétude, et personne ne savait rien. Ce n'est qu'en rentrant chez elle, une demi-heure plus tard, et en trouvant Haymé couché, la tête enveloppée de linges, qu'elle apprit que son mari était vivant.

Voici maintenant ce que raconta Haymé :

Au premier choc il a été précipité sur la voie, puis il a dû s'évanouir, car il s'est retrouvé un instant plus tard dans la cahute de l'un des aiguilleurs, où il avait été transporté.

Il avait le dessus du crâne à vif, toute la peau était enlevée, mais il n'avait pas de lésion grave. Pressé de rassurer sa femme, il a trouvé la force de faire à pied le chemin qui sépare Clichy d'Asnières.

Une fois là, il était allé se faire panser chez un pharmacien, puis il est rentré chez lui, et s'était couché. Sa femme l'avait trouvé au lit en arrivant.

Haymé et Jolly, comme on le voit, avaient échappé comme par un vrai miracle à la mort. Quant aux autres voyageurs qui étaient avec eux dans le même compartiment, on ne sait encore exactement ce qu'ils sont devenus.

D'autres témoins oculaires nous ont raconté des drames qui dépassent en horreurs et en angoisses ce que les imaginations les plus sombres pourraient concevoir.

Ainsi, Mme Macaire, habitant rue de Sèze, n° 10, prenait le train avec son fils, marié et domicilié à Colombes et employé chez M. Delagarde, agent de change, rue Laffitte. Elle allait dîner chez lui. M. Macaire père, lui, était resté à Paris et avait promis à sa femme d'aller la chercher à la gare à son retour

qui devait s'effectuer par le train de dix heures. —
Il s'y rendit en effet, et tout d'abord s'enquit des
causes de l'agitation qui régnait dans ces salles. On
lui parla d'un accident, mais il ne pensait pas que cet
accident fût arrivé au train de 6 h. 15. Il l'apprit par
hasard, vous voyez sa position. Il voulait partir et
arriver sur le théâtre du sinistre ; les employés s'y
opposèrent. Il errait dans la gare en se tordant les
bras, quand arriva le fourgon où gisaient sept morts.

« Il n'y a pas de femmes, lui disait-on.

— Oui, mais, mon fils..... »

Ni l'un ni l'autre n'étaient dans le fourgon. La
nuit se passa pour l'infortuné dans des anxiétés
que nous renonçons à dépeindre. A sept heures du
matin seulement, le pauvre mari, le pauvre père sut
la vérité : sa femme rentrait à son domicile sur une
civière, avec un trou à la jambe, et des contusions
sans gravité apparente, pour le moment. Mme Macaire avait été littéralement aveuglée par les éclats
des vitres pulvérisées, puis enveloppée de débris qui
l'avaient d'abord blessée et contusionnée, et l'avaient
enfin jetée sur la voie, sanglante et les vêtements en
lambeaux.

Son fils, gravement contusionné aux jambes, avait
pu sortir par la portière du wagon renversé, et, malgré ses blessures, criait : « Sauvez ma mère ! »

Il put, après avoir vu panser et diriger la malheureuse sur Paris, regagner son domicile à Colombes,
où il est couché pour longtemps.

M. Macaire, nous racontant ce navrant épisode, finit en nous disant : « Je ne comprends pas comment mes cheveux n'ont pas blanchi dans cette nuit-là. »

M. Dournel était dans l'avant-dernier wagon du train, dans celui-là même qui précède le fourgon.

Son compartiment était plein. Les voyageurs causaient gaiement, quand l'événement a eu lieu.

Qu'a-t-il éprouvé à ce moment de la rencontre? Le choc a été si subit, qu'il ne pourrait donner à cet égard la moindre explication. Soudain il s'est trouvé sur le sol au milieu d'un amas sanglant, et souffrant mille tortures.

Quand on l'a relevé, il n'y avait pas un seul point de son corps où il ne fût atteint. Il avait la jambe droite cassée, le pied gauche foulé, tout le buste, tout le visage contusionnés.

A neuf heures et demie, on lui a demandé où il fallait le conduire, il a pu répondre : « Chez mon frère, M. Dournel, 12, passage Tivoli. »

Arrivé là, il a été immédiatement pansé ; on lui a mis un appareil. Comme il n'a que quarante ans, on espérait le sauver. Toutefois, le docteur n'osait en répondre, ne pouvant encore étudier l'état de sa poitrine, le malheureux poussait en effet des cris affreux quand on y touchait.

Parmi les noms des blessés, on citait également celui de M. Pannetier de Milleville, mari de

Mlle Broisat de la Comédie-Française. C'était heureusement une erreur. M. Pannetier se trouvait absent de Paris, depuis quelques jours.

M. Bazille, premier chef du chant à l'Opéra-Comique, était avec son fils âgé de dix ans, dans le train qui passe à Colombes où il demeure.

Tout à coup un éclat de glace lui fendit le front, en même temps qu'il se sentait violemment atteint derrière la tête. La catastrophe venait d'avoir lieu.

Au même moment, il était jeté sur la voie hors du compartiment, sans qu'il lui soit possible d'expliquer comment il en est sorti. Sa première pensée fut pour son fils.

Il se leva, et se dirigea instinctivement vers les débris du compartiment d'où il venait d'être jeté. Il se dit que l'enfant portait un costume de velours. On juge de son émotion quand sa main rencontra dans le fond du compartiment un vêtement de velours.. Ce fut une femme ainsi vêtue qu'il amena à lui.

Mais son enfant, où était-il?

Le cher petit se tenait cramponné à lui sans que le pauvre père s'en doutât. Il n'avait qu'une contusion au front.....

Parmi les blessés, on nous donna encore le nom de Mme Collin, la femme du chanteur de l'Opéra-Comique. Mme Collin est la sœur de Mlle Fiocre de l'Opéra, elle a eu le bras cassé en deux endroits.

M. Fournier, grand usinier à Genevilliers, qui

était dans le train avec sa femme et son bébé, n'a eu comme eux que de légères contusions ; une nourrice qui les accompagnait a eu les deux cuisses coupées.

M. Édouard Cadol, l'auteur applaudi des *Inutiles*, récemment repris à l'Odéon, était dans le train broyé ; il rentrait dîner chez lui à Asnières.

Nous voulûmes également avoir ses impressions :

— J'étais fort heureusement monté, nous dit-il, dans un des wagons de tête ; néanmoins, au moment du choc, le compartiment dans lequel je me trouvais s'est dressé tout debout, et j'ai été jeté sur une dame et sur un monsieur qui étaient assis en face de moi. Les uns et les autres nous en avons été quittes pour quelques égratignures. Le premier moment de stupeur passé, nous sommes descendus sur la voie. Il faisait nuit noire, et on entendait de tous côtés, les cris des blessés et des mourants. Je me suis dirigé à tâtons comme j'ai pu. Les employés allaient et venaient, ahuris, s'éclairant tant bien que mal avec une mauvaise lanterne.

Mes voisins valides et moi, nous avons essayé de nous rendre utiles ; nous nous sommes offerts pour porter secours aux malheureux qui souffraient, mais on ne voyait pas à cinquante centimètres devant soi, nous trébuchions à chaque pas et nous avons dû bientôt renoncer à notre projet. Après mille difficultés, je suis enfin parvenu à gagner la station de Clichy-Levallois, où j'ai trouvé un loueur obligeant qui a consenti à me conduire en voiture à Asnières. Il était

8.

7 h. 1/2 ; j'étais en retard de près d'une heure, mais tout le monde ignorait l'accident, et ma femme n'avait pas encore eu le temps de s'inquiéter.

Au premier bruit de la catastrophe, l'émotion a été horrible. Tout le monde s'est précipité vers la gare, pour avoir des nouvelles, mais les portes sont restées obstinément fermées. Dans un bon but, sans aucun doute, et pour ne pas effrayer outre mesure la population d'Asnières, les employés, qui ne savaient pas grand'chose d'ailleurs, ont évité de se montrer. Toutes les lumières de la gare étaient éteintes, et une foule inquiète de femmes et d'enfants attendait quand même dans le brouillard, c'était navrant !

Comme nous l'avons dit, beaucoup de voyageurs de l'un et l'autre train appartenaient au monde des théâtres ; un grand nombre d'artistes habitent Asnières, Argenteuil et Bois-Colombes, et ils rentraient chez eux après leur répétition terminée.

De là, et en dehors des malheureuses victimes, certains petits incidents tout spéciaux, mais que nous devons noter parmi les conséquences de l'accident.

En première ligne se place l'encombrement de la voie, et la suppression presque totale des trains se dirigeant sur Paris.

M. Pierre Berton, l'artiste du Vaudeville, qui demeure à Bois-Colombes, a dû prendre une voiture pour venir au théâtre, où il n'est arrivé d'ailleurs qu'après le premier acte. Le régisseur avait fait une annonce, et M. Vois avait dû lire le rôle de son camarade.

M. Boulard, chef d'orchestre des Variétés, qui habite Asnières, est également venu à Paris en voiture, et n'a pu arriver au théâtre qu'à 9 h. 1/2, alors que le premier acte de la *Femme à papa* touchait à sa fin et que Mme Judic avait déjà chanté plusieurs de ses couplets.

Mlle Thérésa, par une chance heureuse, avait dîné à Paris. Ce n'est que dans le courant de la soirée et au moment d'entrer en scène pour chanter ses deux romances, au deuxième acte de *Paris en actions*, qu'elle a appris l'accident de Clichy-Levallois. Elle a failli se trouver mal, et n'a pas osé rentrer à Asnières après le spectacle.

Une foule d'employés du Crédit Lyonnais habitent Asnières et les communes suburbaines, où les loyers sont accessibles aux bourses modestes. C'est par ce train fatal que la plupart regagnaient leur logis.... Aussi n'est-ce pas sans émotion, qu'à l'appel du lendemain, on constata l'absence de quinze d'entre eux. On se rassura bien vite en songeant et en s'assurant que les absents n'avaient pu se présenter à leur bureau, parce que la voie était obstruée.

Voilà ce qu'on disait, ce que racontaient les journaux le lendemain. On trouvait déjà que c'était énorme.

Ah!... ce n'était que le bilan du premier jour.

Le lendemain, on eut encore à signaler de nouvelles victimes.

En voici la liste :

M. Champagnac, employé au ministère de la guerre, 8, rue de la Comète, à Asnières.

Mme Collin, 14, rue de la Comète, à Asnières.

Mlle Camille Humberdot, 8, avenue Pereire, à Asnières.

M. Parent, 6, rue de la Paix, à Bois-Colombes.

M. Pommerette, 14, rue Bapst, à Asnières.

M. Kocks, 5, rue des Aubépines, à Bois-Colombes.

Mlle Claire Horay, 31, rue de Sannois, à Argenteuil.

M. Chevallier, architecte, 26, rue Traversière, à Asnières.

Mme Viat et sa bonne, à Asnières.

M. Grisou, rue de Nanterre, à Asnières.

M. Vivien, brigadier de police, rue de Nanterre, 41, à Asnières.

M. Leclerc, propriétaire, rue Saint-Denis, à Courbevoie.

M. Bernardet, à Bois-Colombes.

M. Speculorum, 63, rue des Carbonnets, à Bois-Colombes.

Et M. Renaudet, de Levallois, qui avait eu la jambe cassée en allant porter secours.

De plus, deux blessés avaient succombé : ce sont M. Dieudonné, mécanicien du train 23, mort à midi, à l'hôpital Beaujon, et Mme L. Darcy, femme d'un

employé d'un ministère, blessé lui-même grièvement.
Cela portait donc à 10 le nombre des morts.

Ce n'était pas fini...

Quelques jours encore et on eut de nouveaux morts
à ajouter à la liste : Mlle Tautin, 11, rue du Château,
à Neuilly; M. de Driouville, de Bois-Colombes et
M. Dupré, employé de la Compagnie de l'Ouest.

On ne croyait pas que M. le comte de Driouville
succomberait aussi vite. Malgré les horribles souffrances que lui causait sa blessure — un décollement
de la cuisse, — les médecins pensaient qu'il pouvait
vivre encore une quinzaine de jours au moins. Mais
il avait, en outre, deux côtes enfoncées, et cela dé-
termina une congestion pulmonaire à laquelle il a
succombé.

Plusieurs des autres moururent encore par la suite.

Pendant qu'on enterrait les morts et qu'on pansait
les blessés, MM. Guillot, juge d'instruction, et Clément, commissaire aux délégations judiciaires, procé-
daient, concurremment avec les ingénieurs de la
Compagnie, à des recherches sur les causes de
l'accident.

Naturellement — indépendamment du brouillard,
cause réelle et évidente — on mit tout sur le dos du
mécanicien Dieudonné... Dame, il était mort!...

Quant à nous, voici ce que, d'après nos recherches
et notre examen personnels, nous disions au lendemain de l'accident :

Il ressort des faits connus que les trains 127 omnibus-Ouest, et 23 circulaire-Nord, font usage de la même voie.

Et sur cette unique voie, il faut que passent, à quelques minutes d'espace :

1° Tous les trains circulaires Ouest-Nord, — environ 18 trains montants et 18 trains descendants ;

2° Tous les trains de Saint-Germain, soit environ le même nombre ; 18 montants, 18 descendants ;

3° Tous les trains de grande ligne, Rouen, le Havre, Dieppe, Fécamp, Trouville, et la Bretagne ; environ 16 trains aller, et autant retour ;

4° Les trains express, en destination d'Argenteuil ; 7 montants, 7 descendants ;

5° Les express en destination de Saint-Germain ; 7 montants, 7 descendants ;

6° Tous les trains de Gisors ; environ 5 montants, 5 descendants ;

7° Plus, tous les trains de marchandises, en destination de Rouen, le Havre, Dieppe, Trouville, Fécamp, Gisors, Évreux, toute la Bretagne, la ceinture de grande banlieue, et enfin, tous les trains des travaux de la voie.

Il y a donc lieu de s'étonner que, chaque fois qu'il y a du brouillard et qu'un train peut être ralenti dans sa marche, il n'y ait pas un accident.

Il faudrait donc absolument un agrandissement et des voies distinctes.

Quant au fait particulier et à la responsabilité du mécanicien Dieudonné, ce mécanicien sachant que, malgré les retards des deux convois, il partait dans les délais réglementaires, n'avait pas à se préoccuper du train 127 qui le précédait.

La vitesse du train 23, d'ailleurs, bien qu'il fût direct jusqu'à Argenteuil, ne dépassait pas 28 kilomètres (celle d'un train de marchandises).

Le train 127 est arrêté par des signaux d'arrêt près des fortifications. Qui devait protéger ce train? Le règlement répond :

« Lorsque, par un motif quelconque, un train vient à s'arrêter sur la voie, le conducteur d'arrière, sans s'informer de la cause de l'arrêt, doit se porter *immédiatement* en arrière au pas de course pour faire, à *mille mètres* au moins, les signaux d'arrêt qui doivent protéger le train.

« L'agent sera porteur, le jour d'un drapeau rouge, la nuit d'une lanterne à verre rouge, *avec les moyens de la rallumer*, et, le jour comme la nuit, de signaux-pétards.

« On devra, pour plus de sûreté, poser à la fois, sur les rails, deux pétards, à une distance de 25 à 30 mètres. »

Tout cela a-t-il été fait ?

Le malheureux Morel, chef du train 127, blessé grièvement, avoue, paraît-il, dans sa déposition, que, depuis son arrivée devant la station de Levallois, le train ne faisait que des manœuvres en avant et en arrière; qu'il a eu l'intention de placer des pétards pour couvrir le train, et que, voyant qu'il était trop tard, il avait crié aux voyageurs de descendre et était remonté dans son fourgon.

Le brouillard, le peu d'intervalle entre les deux trains ont fait perdre la tête au conducteur Morel; son oubli, il la payé chèrement.

Quant à Dieudonné, le mécanicien du train 23, aujourd'hui décédé, sachant qu'il partait avec l'intervalle habituel, il ne pouvait *ni ne devait* ralentir sa marche déjà fort ordinaire.

Pour ce qui le concerne, le règlement dit : « *A toute explosion de pétards, le mécanicien doit, par tous les moyens mis à sa disposition, se rendre immédiatement et complétement maître de la vitesse de son train. Cet ordre doit être exécuté d'une manière absolue; il ne comporte aucune hésitation, aucune interprétation.* »

Il n'y avait pas de pétards : Dieudonné n'avait rien à faire.

Mais quand il a vu le train 127, a-t-il essayé d'arrêter le sien ?

Nous avons examiné la machine n° 2971 du train 23, dans les ateliers de La Chapelle, où elle avait été envoyée en réparation.

En ce qui touche l'état des organes qui servent à la mise en route et à l'arrêt, ils paraissaient dans une situation qui corrobore la déposition du malheureux mécanicien.

Le régulateur, cette manette qui ouvre ou ferme l'arrivée de la vapeur dans les cylindres, était fermé, et l'appareil de changement de marche qui sert au stoppage et à la contre-vapeur indiquait que le mécanicien avait tenté de renverser la vapeur et que le choc s'était produit au moment où il tournait la vis du changement de marche. L'écrou de cette vis se trouvait en effet entre le « point mort » et le dernier cran de la marche en arrière.

La manœuvre de la vis est moins dangereuse pour le mécanicien que l'ancien levier, mais elle est moins rapide ; et l'accident de Clichy prouve encore que l'antique levier aurait permis un renversement complet de la marche.

Le mécanicien Dieudonné, dans une seconde rapide, mais terrible, s'est vu perdu. Pour nous, il a fait tout ce que son devoir lui commandait : serrage de freins, fermeture du régulateur, essai de contre-vapeur...

Il est donc mort comme un bon mécanicien, comme un bon capitaine sur son navire, la main sur le changement de marche, restant le dernier à son bord.

De tout ce qu'on vient de lire, il résulte évidemment que la véritable cause de la catastrophe de Clichy-Levallois fut le brouillard, qui empêcha d'abord le train 127 de continuer sa route, et qui surtout mit le chef de train Morel dans l'impossibilité de faire au train 23 les signaux nécessaires pour que ce train s'arrêtât.

Les signaux ordinaires, en effet, sont absolument insuffisants dans un cas pareil. Il était fort difficile, pour ne pas dire impossible, d'avertir à temps la gare Saint-Lazare, pour que le train 23 ne partît pas.

Or, regardez l'étrange coïncidence : juste au moment où cet accident se produisait, on refusait à M. Demeaux un procédé de signaux appelés *disques de marche*, sous prétexte que, avec ce procédé, *on est obligé d'attendre pour faire partir un train que l'autre train ait donné de ses nouvelles.*

C'est justement la seule chose qui eût pu empêcher l'accident de Levallois.

On va voir en quoi consiste le système de M. Demeaux.

XIX. — Les disques de marche Demeaux.

Le projet que j'ai l'honneur de proposer, disait l'auteur dans son mémoire (1), me paraît de nature à préserver la circulation sur les voies ferrées des

(1) *Disques de marche sur les chemins de fer, ayant pour but de prévenir la rencontre des trains et les surprises des passages à niveau,* par M. Demeaux, membre du Conseil général du Lot, médecin de la Compagnie d'Orléans, chevalier de la Légion d'honneur. — Brochure, imprimée à Paris, chez Ghemar, 6, rue de Montmorency.

deux écueils mentionnés ci-dessus. Ce projet n'implique d'ailleurs aucune innovation ; il consiste à utiliser, sur toute l'étendue de la voie, le système de disques, partout employé déjà, mais seulement à l'entrée et à la sortie des gares. A chaque gare, en effet, sont établis des disques, mis en mouvement par les employés de cette gare, à l'arrivée et au départ des trains, disques indiquant, selon qu'ils sont ouverts ou fermés, que la voie est libre ou occupée.

J'appelle *disque ouvert* celui dont le plan est perpendiculaire à la voie, et *disque fermé* celui dont le plan est parallèle à la voie.

Je propose d'établir entre les gares, quelle que soit leur importance, une série de disques dont le fonctionnement, solidaire, simultané, permettrait de transmettre au même instant des signaux sur tous les points du parcours, principalement là où sont établis des passages à niveau.

Les disques auront deux faces, de deux couleurs différentes, l'une rouge, l'autre verte.

Pour le service de nuit, chaque disque devra être muni d'une lanterne à double réflecteur : un réflecteur rouge devra signaler la face rouge du disque, un réflecteur vert devra signaler la face verte du disque.

Pour plus de clarté et de précision, prenons un exemple.

Une gare A est distante d'une gare B de 8 kilomètres ; dans le parcours il y a deux passages à niveau, par conséquent deux maisonnettes et deux gardiens.

Comme je l'ai dit plus haut, ces disques fonctionnent simultanément; tous s'ouvrent et se ferment à la fois.

Un train part de A, se dirigeant vers B; au moment où le train part, tous les disques sont ouverts sur tout le parcours de A en B, par les soins de la gare A; ils restent ouverts jusqu'à l'arrivée du train à la gare B, et sont fermés, ensuite, par les soins de celle-ci.

Il sera très-facile de disposer les disques de telle manière que la gare qui les ouvre dirige constamment de son côté la face verte du disque, signalé la nuit par le réflecteur vert.

Par le mouvement des disques et le signal complémentaire ci-dessus, les maisonnettes seront averties, non-seulement qu'un train est parti d'une gare voisine, mais elles sauront de quelle gare, de quel côté elles vont le voir arriver.

Je vais constater encore, par un exemple, les avantages de ce double signal.

Un train nº 10 part d'une gare A, se dirigeant vers les gares B et C; un autre train nº 12 doit partir en même temps de la gare C, se dirigeant vers les gares B et A; le croisement doit se faire à la gare B.

Le train nº 12 éprouve un retard, par suite duquel on décide que le croisement doit se faire à la gare C, au lieu de se faire à la gare B; les gares B et C connaissent cette mesure au moyen du télégraphe.

Les maisonnettes, situées entre B et C, connaissent

le retard, uniquement parce que le train nº 12 n'est pas passé à l'heure réglementaire; mais elles ne connaissent pas quelle est la durée de ce retard ; elles ignorent les dispositions prises à ce sujet. Les voilà incertaines ; les voilà réduites à se demander à quel moment et de quel côté viendra le premier train : sera-ce le train 10, venant de A ? Sera-ce le train 12, venant de C ? Par le mouvement et la position du disque, indiquant non-seulement le départ d'un de ces trains, mais encore la gare de départ, toutes difficultés disparaissent.

Ces disques couvrent le train dans tout son parcours de A en B, et le protégent soit contre un train qui marcherait dans le même sens, mais plus vite que le premier, soit contre un train qui marcherait en sens inverse.

M. Demeaux proposait également son système pour les passages à niveau.

D'après les renseignements, dit-il, le gardien d'un passage à niveau doit refuser d'ouvrir la barrière, dès qu'un train est *attendu ;* si le train a 30 minutes de retard, le voyageur avec sa voiture, le laboureur avec son attelage, seront obligés d'attendre 40 minutes environ.

Dans les pays de plaine, dans les lignes droites, lorsqu'on peut voir un train à une distance de plusieurs kilomètres, les contraventions aux règlements peuvent être sans conséquences ; mais dans les pays accidentés, où il y a des *tunnels,* des *tranchées,* des *courbes*, les contraventions peuvent avoir les effets les plus désastreux; dans beaucoup d'endroits, les trains ne sont vus ou entendus qu'à une distance de 50, 100, 200 mètres; et un train express parcourt un kilomètre en une minute, à peu près le temps que met un attelage pour traverser la voie.

D'après le système que je propose, le gardien d'une maisonnette est averti par le disque que le train est parti déjà ou n'est pas encore parti de la station voisine, et, sur ces données, il lui est facile de concilier les exigences du service avec les intérêts et la sécurité des voyageurs.

Le projet présente encore d'autres avantages moins importants sans doute, mais qui néanmoins méritent, à mon avis, d'être pris en considération.

Les voyageurs, les voituriers qui conduisent des voitures sur les routes, les cultivateurs qui labourent leurs champs à proximité des chemins de fer, voient souvent leurs animaux effrayés par le passage d'un train; il peut en résulter pour eux des dangers réels; la position d'un disque, en les avertissant qu'un train va passer, leur permettrait de prendre leurs mesures pour prévenir tous accidents.

Je crois pouvoir affirmer qu'un seul fil d'une gare à l'autre suffira pour le fonctionnement régulier du système que j'ai l'honneur de proposer.

L'application de ce système, une fois établi, ne nécessiterait pas une augmentation de personnel. Les employés des gares, préposés au fonctionnement des disques de garage, seraient chargés aussi de faire fonctionner les disques de marche ; cette nouvelle attribution exigerait à peine deux minutes à l'arrivée et au départ de chaque train.

Pour graisser les appareils moteurs, pour surveiller et entretenir les fils, pour préparer et allumer les lanternes, il y aurait manifestement un surcroît de travail pour les employés de la voie ; mais que sont ces charges en regard des catastrophes qu'elles peuvent prévenir ?

Or, voici la lettre qu'au lendemain de l'accident de Clichy M. Demeaux recevait du ministre :

« Paris, le 22 janvier 1880.

« *Monsieur Demeaux, membre du Conseil général du Lot, à Puy-l'Évêque (Lot).*

« Monsieur, ainsi que j'ai eu l'honneur de vous en informer, le 8 novembre dernier, j'ai soumis à l'examen du Comité de l'Exploitation technique des chemins de fer le système de disques que vous avez imaginé dans le but de prévenir les accidents provenant de la rencontre de deux trains marchant sur la même voie et ceux qui résultent des surprises qui ont lieu aux passages à niveau.

« Le principe sur lequel repose votre système consiste à établir entre deux stations plusieurs disques pouvant être manœuvrés simultanément de l'une ou de l'autre de ces stations. Tous sont ouverts ou fermés à la fois.

« Vous précisez d'ailleurs votre pensée par un exemple :

(Ici une analyse du projet répétant ce que nous venons de dire.)

« Le Comité a fait observer que votre système présente comme premier inconvénient d'interdire l'expédition d'un train d'une station jusqu'à ce que le train précédent ait atteint la gare suivante, ce qui donnerait lieu à une confusion regrettable. De plus, si les disques faits ont pour but de couvrir un train en marche, il faut que les autres trains aient pour consigne de les respecter ; mais alors comment un mécanicien saura-t-il qu'il doit s'arrêter ou passer outre ?

« De même, si deux trains sont lancés en même temps l'un contre l'autre des gares A et B, ils se croient tous deux couverts et se rencontreront comme s'il n'était fait aucun signal.

« Enfin, il est éminemment dangereux d'indiquer par le même signal la marche aux uns et l'arrêt aux autres.

« Le Comité a ajouté que les procédés couramment employés pour éviter les collisions de trains marchant dans le même sens ou en sens contraire sont d'une efficacité bien plus grande, et qu'il existe, pour prévenir les gardiens des passages à niveau de l'approche des trains, d'autres moyens préférables à la série de disques que vous proposez.

« En présence de ces observations, et tout en vous remerciant de la communication que vous m'avez adressée, je ne crois pas pouvoir en faire l'objet d'une recommandation aux Compagnies de Chemins de fer.

  « Recevez, Monsieur, l'assurance de ma considération très-distinguée,
    « *Le Ministre des Travaux publics*
  « Pour le Ministre et par autorisation ,
« Le Directeur de l'Exploitation des Chemins de fer. »

M. Demeaux répondit :

 « A S. Exc. M. le Ministre des Travaux publics.

    « Monsieur le Ministre ,

« Une catastrophe épouvantable vient d'avoir lieu sur la ligne de l'Ouest, par la rencontre de deux trains sur la même voie.

« A cette occasion, Monsieur le Ministre, je prends la liberté d'appeler l'attention de Votre Excellence sur une communication que j'ai eu l'honneur d'adresser à votre éminent prédécesseur, ayant pour objet la création de *disques de marche sur les chemins de fer*, pour prévenir la rencontre des trains et les surprises aux passages à niveau.

« Mon travail, Monsieur le Ministre, a été soumis au Comité de l'exploitation des chemins de fer de l'État.

9.

« Par une lettre du 22 janvier dernier, Votre Excellence m'a fait l'honneur de m'informer que le Comité a décidé que ma proposition n'était pas prise en considération.

« Permettez-moi, Monsieur le Ministre, de présenter à Votre Excellence quelques observations sur les motifs et considérations qui ont servi de base à cette décision.

« Le Comité a fait observer que mon système présente comme premier inconvénient d'interdire l'expédition d'un train d'une station, jusqu'à ce que le train précédent ait atteint la gare suivante, ce qui donnerait lieu à une confusion regrettable.

« Dans un travail ultérieur, je me propose de discuter la valeur de cette objection ; l'accident qui vient d'avoir lieu à Clichy me fournit un argument bien puissant, pour démontrer que, s'il y a des inconvénients à interdire l'expédition d'un train d'une station jusqu'à ce que le train précédent ait atteint la gare suivante, il y a aussi de bien grands dangers à expédier un train d'une station avant d'avoir la certitude que le train précédent ait atteint la gare suivante. N'est-il pas évident que la catastrophe de Clichy n'aurait pas eu lieu si le train n° 23 n'avait quitté la gare Saint-Lazare qu'après avoir la certitude que le train n° 127 avait atteint la gare de Clichy-Levallois ?

« La seconde objection serait de beaucoup la plus sérieuse, si elle était fondée ; on dit :

« Si les disques ont pour but de couvrir un train en marche, il faut que les autres trains aient pour consigne de les respecter ; mais alors comment un mécanicien saurait-il qu'il doit s'arrêter ou passer outre ?

« De même, si deux trains sont lancés l'un contre l'autre, des gares A et B, ils se croient tous deux couverts, et se rencontreront comme s'il n'était fait aucun signal.

« Enfin, il est éminemment dangereux d'indiquer par le même signal la marche aux uns et l'arrêt aux autres.

« Pour réfuter cette seconde objection, Monsieur le Ministre, il me suffira de reproduire le texte de mon mémoire :

« A la page 4, alinéa 5, je dis :

« Les disques auront deux faces de deux couleurs différentes, l'une rouge, l'autre verte.

« Pour le service de nuit, chaque disque devra être muni d'une lanterne à double réflecteur, un réflecteur rouge devra signaler la face rouge du disque, un vert signalera la face verte.

« Page 5, 5e alinéa, je dis :

« Il vous sera très-facile de disposer les disques de telle manière que la gare qui les ouvre, dirige constamment de son côté la face verte du disque signalé la nuit par le réflecteur vert.

« Par le mouvement des disques et le signal complémentaire ci-dessus, les maisonnettes seront averties non-seulement qu'un train est parti d'une gare voisine, mais elles sauront de quelle gare, de quel côté elles vont le voir arriver.

« A la page 6, à la fin du 4e alinéa, je dis :

« Par le mouvement et la position du disque, indiquant non-seulement le départ d'un train, mais encore la gare de départ, toutes difficultés disparaissent.

« D'après cet exposé, Monsieur le Ministre, la gare d'où part le train tournant toujours de son côté la face verte du disque, il devient évident que ce signal seul indique qu'un train doit s'arrêter.

« Il n'est donc pas exact que deux trains, lancés en même temps l'un contre l'autre, des gares A et B, puissent se croire tous deux couverts, puisque l'un aura devant lui la face verte qui signale la marche, tandis que l'autre aura devant lui la face rouge qui signale l'arrêt.

« Il n'est pas non plus exact, Monsieur le Ministre, que, dans mon système, le même signal indique la marche aux uns et l'arrêt aux autres.

« Je réserve pour un autre travail une discussion plus approfondie sur cette importante question.

« Je viens de nouveau, Monsieur le Ministre, solliciter l'honneur d'une audience pour prévenir par des explications verbales toutes erreurs d'appréciation et tous malentendus.

« Daignez agréer, Monsieur le Ministre, l'hommage des sentiments respectueux avec lesquels

« J'ai l'honneur d'être etc.

« DEMEAUX.

Nouvelle et dernière réponse du Ministre :

« Paris, 27 février 1880.

« Monsieur, par lettre du 6 de ce mois, vous me faites connaître quelques-unes des observations auxquelles vous paraît donner lieu l'avis émis par le Comité de l'exploitation technique, sur le système de disques de marche dont vous êtes l'inventeur et que j'avais soumis à son examen. Vous ajoutez que vous vous proposez de faire paraître prochainement un travail complémentaire, destiné à réfuter d'une manière plus approfondie les objections du Comité, et vous me demandez de nouveau une audience pour vous permettre « de prévenir par des explications « verbales toutes erreurs d'appréciation et tous malen-« tendus. »

« Je soumettrai volontiers le travail complémentaire dont vous me parlez à l'examen du Comité de l'Exploitation technique des chemins de fer, dès que vous me l'aurez adressé. Mais, en ce qui concerne la demande d'audience que vous formulez à nouveau, je ne puis que me référer aux observations contenues dans ma lettre du 8 novembre 1879.

« Recevez, Monsieur, l'assurance de ma considération distinguée,

« *Le Ministre des Travaux publics.*

« Pour le Ministre et par autorisation.

« Le Directeur de l'Exploitation des chemins de fer. »

« A Monsieur Demeaux, membre du Conseil général du Lot, à Puy-Levêque (Lot). »

La cause était jugée : mais M. Demeaux en appelle à l'opinion publique.

Il espère que ce nouveau tribunal sera plus juste que l'autre.

XX. — Le système télégraphique Baillehache.

En même temps que M. Demeaux présentait ses *Disques de marche*, M. E. de Baillehache, ancien inspecteur, chef de section à Pont-Audemer, offrait un projet de communication télégraphique entre les trains en marche et les gares, et entre les trains entre eux.

Dans le système E. de Baillehache, le fourgon du chef de train devient un poste télégraphique ambulant, de manière à permettre d'établir *par dépêche* des communications certaines soit avec les trains en marche, soit avec les postes des stations.

Le train se signale sans aucune interruption aux stations, aux garde-barrières et par suite aux trains qui pourraient se trouver sur la même voie et sur des voies différentes.

Voici sommairement la description que l'inventeur fait de son appareil :

Pour mettre en communication à toute minute le fourgon du chef de train avec les gares, par l'expression de la pensée, par la parole écrite, sans cependant porter atteinte aux mécanismes existants, d'après les expériences que j'ai faites à Pont-Audemer, les dispositions à prendre peuvent se résumer ainsi :

1° Une table télégraphique complète, telle qu'elle existe dans les gares, avec sonnerie, manipulateur, récepteur, boussole, fils conducteurs et pile, ou, pour tenir moins de place dans le fourgon, un petit appareil système Bréguet, par exemple, contenant un manipulateur, un récepteur, une sonnerie, avec une pile sèche de préférence. Cet appareil est contenu dans une petite boîte et ne mesure que 0^{m}22 centimètres carrés, en dehors de la pile, sur 0^{m}18 cent.

L'un des pôles communique par un fil de cuivre avec une crémaillère, dont le jeu est appelé à transmettre ou à isoler le courant. Deux tiges, qui sont terminées chacune par une aigrette métallique, permettent d'obtenir un contact parfait et continu, lorsqu'on les abaisse ou qu'on les élève sur le fil de ligne.

Le fil de ligne est supporté par des isolateurs, à isolation intérieure. Ces isolateurs sont distants les uns des autres de 25 mètres environ. Ils sont fixés sur des petits poteaux télégraphiques placés parallèlement à la voie.

Les isolateurs peuvent affecter la forme conique ou sphérique, être en bois goudronné, peint ou vernissé, et isolés par un tube de caoutchouc intérieur donnant passage à une tige qui vient s'appuyer sur un support à fourchette ou de toute autre forme.

Quant au fil de terre venant de la pile, il est appliqué contre la plaque de garde des roues et permet à l'électricité de se perdre dans les rails, et de là dans la terre. Il forme l'autre pôle.

Les aigrettes glissent sous le fil de ligne dont elles suivent les ondulations. Les tiges ont un faible jeu latéral, et comme elles sont soutenues dans une embrasse qui leur sert de guide, le poids du fil assure la communication par la multiplicité des contacts.

Il est à remarquer que pour éviter la trépidation dans le fourgon (trois mouvements pouvant se produire, l'un dans le sens de la marche, longitudinalement, un autre, dit de lacet, c'est-à-dire latéralement, et l'autre verticalement, de bas en haut, et *vice versâ*), j'ai disposé dans mon wagon d'expérimentation un système de ressorts à boudin, soit sous l'appareil télégraphique, soit latéralement, soit dans le sens de la marche, et *vice versâ*, de manière qu'un équilibre parfait soit la résultante des mouvements de trépidation qui pourraient se produire, et que l'aiguille se maintienne toujours dans un plan vertical.

Quant à la crainte qui m'avait été suggérée de voir le contact s'échauffer, elle n'est pas fondée. D'après les expériences faites pendant quatorze mois, tant à Pont-Audemer que sur la ligne du Champ-de-Mars à Grenelle, le courant d'air, en vertu de la vitesse acquise, éloigne toute appréhension à ce sujet :

La communication télégraphique d'une gare A à une gare B est installée de telle sorte que le fil de voie servant à établir le contact entre les trains et les gares, ne soit en parallélisme avec les voies montante ou descendante qu'en dehors des signaux protecteurs.

De cette manière, on ne gêne aucunement les manœuvres de gares, ni les aiguilles, ni les bifurcations.

En outre, comme aux passages à niveau il semble utile d'avoir une communication non interrompue, cette communication ne cesse pas d'être établie si les contacts sont mis en nombre suffisant par rapport à la longueur des passages à niveau.

Les potences fixées sur les poteaux, pour supporter le fil de ligne, sont d'ailleurs à distance réglementaire de la voie.

Le courant du fil de ligne peut, aux passages à niveau ou aux barrières, passer dans une sonnerie trembleuse avec un relais, de manière à prévenir les gardes de la présence d'un train.

Telles sont les dispositions d'ensemble du système dont je propose la mise en exploitation immédiate.

L'expérience a été faite à Pont-Audemer : M. Degrand, ingénieur en chef des ponts et chaussées, chargé de la direction du contrôle des lignes ferrées de l'Eure, ainsi que plusieurs ingénieurs et membres du Conseil général, ont signalé ce système, comme simple, pratique, peu coûteux à établir et d'une utilité générale pour les chemins de fer.

Il n'y a pas même à craindre l'usure du fil de ligne, puisque le contact peut être réglé à l'aide de contrepoids, de telle sorte que, lorsqu'un train est en marche, quelle que soit la vitesse, les frotteurs à aigrettes ne fassent qu'effleurer le fil.

De cette façon, le fil n'aura aucune usure à redouter, même aux points de contact sous la bobine ; car, par son poids, il tend à plonger, et par la dilatation, suivant la température, le point de contact se trouve changé, puisque le fil est susceptible de s'allonger ou de se rétrécir.

Grâce donc à ce système :

1º Une gare quelconque peut, à tous moments, parler avec un ou plusieurs trains sur la même voie, quelle que soit la marche de ces trains, et avec les gares vers lesquelles se dirigent ces trains.

2º Une gare quelconque peut communiquer avec le

train avec lequel elle veut parler, sans que les autres trains prennent nécessairement connaissance d'une dépêche qui ne les concerne pas.

3° Les gares ou les trains peuvent prévenir les gardes-barrières de la mise en marche des trains facultatifs spéciaux, extraordinaires ou dédoublés, prévus ou non prévus.

4° Les trains peuvent être toujours assurés que la voie est libre devant eux.

5° Deux ou plusieurs trains marchant dans le même sens ou en sens inverse sur la même voie, peuvent échanger des dépêches de sécurité.

6° Tout train resté en détresse peut instantanément demander du secours et télégraphier, à la gare d'arrivée ou de départ, ou aux trains circulant sur la même voie, sa position, à quel endroit de la ligne il se trouve, et donner tous renseignements utiles pour être secouru.

Enfin, 7° deux trains engagés sur des voies différentes, mais se dirigeant vers la même gare d'arrivée, peuvent se parler à l'aide d'un commutateur spécial, existant dans la station d'arrivée, qui permet de les mettre en communication directe.

XXI.— Les signaux électriques Choné (1).

J'ai à signaler encore, comme pouvant rendre les plus grands services, la nuit, et particulièrement dans des cas de brouillard, comme pour la catastrophe de Clichy, l'appareil de signaux électriques lumineux de M. le Dr Choné.

L'innovation de M. le Dr Choné est d'une extrême simplicité.

Tout le monde n'a peut-être pas suffisamment étudié la physique pour connaître les propriétés éclairantes de l'électricité, mais tout le monde a pu voir, en passant devant une boutique d'électricien, un tube lumineux tournoyant et lançant autour de lui des rayons de lumière violette ou rouge...

C'est ce qu'on appelle le *tube de Geissler*, du nom de l'inventeur.

C'est le tube de Geissler que M. Choné veut employer.

« Un courant induit dans le vide devient lumi-

(1) *Exposition d'électricité :* France, n° 224. — Dr Choné, 157, rue de Paris, aux Lilas, Seine. Signaux électriques pour chemins de fer, pour tenir en communication aussi constante que possible les gares et les trains en marche.

neux, nous dit-il. Pour la démonstration de ce fait, on se sert du tube *Geissler*. En faisant des expériences sur ce fait, j'ai constaté que l'on pouvait rendre lumineux sur un même fil, et avec le même courant, un nombre indéterminé de tubes (30, avec une étincelle de 1 cent. 1\2 s'allument facilement).

« J'ai pensé qu'on pouvait utiliser cette propriété pour donner des signaux le long des voies ferrées, en mettant *un tube chaque* 100 *mètres*.

« Pendant la nuit, le tube peut s'apercevoir à 200 mètres. Pendant le jour, on pourrait utiliser ceux qui seraient sous les tunnels, les ponts, le long des talus, etc.

« Si les trains étaient munis d'une machine Rumkhorf et de deux éléments au bichromate de potasse, ils pourraient, en lançant un courant à droite ou à gauche, envoyer un courant et avertir les gares, quand ils sont en détresse. »

C'est d'une élémentaire simplicité, je le répète. Si dans l'accident de Clichy-Levallois, le train 127 eût eu un appareil analogue, le chef de train Morel, voyant qu'il ne pouvait avancer que très-lentement, surtout qu'il était en détresse, eût pu lancer derrière lui un rayon électrique et *se couvrir* de la sorte, puisqu'il n'avait ni le temps, ni la possibilité — à cause du brouillard — d'aller placer des pétards sur la voie.

Et Dieudonné le mécanicien, averti par le rayon électrique, eût modéré à temps sa vitesse.

L'appareil lumineux Choné a cet avantage, qu'il ne contrarie aucune autre mesure de précautions et peut être employé concurremment avec la télégraphie et le block-system, dont nous parlerons tout à l'heure.

Mais laissons ce sujet, et passons aux accidents de 1881 ; — et, comme il devient oiseux de faire défiler, les uns après les autres, tous les petits accidents sans importance, arrivons tout de suite à la catastrophe de Clermont-Ferrand.

XXII. — La catastrophe de Clermont-Ferrand

Les Compagnies trouvent toujours moyen de rejeter sur les employés d'ordre inférieur — qui n'ont pas rempli leur devoir — la responsabilité des catastrophes.

En voici une où — avec la meilleure volonté du monde — il est impossible de se décharger sur les petits.

On va le voir, du reste, suffisamment.

La ligne de Clermont à Bordeaux, par Tulle, tracée il y a 30 à 40 ans, par la Compagnie du Grand-Central, avait été, lors de la déconfiture de cette Compagnie, à peu près abandonnée. La Compagnie de Lyon, à qui cette concession était échue, en conservait religieusement les plans et les tracés dans ses cartons, demandant à ne les en sortir que le plus tard possible.

Cette ligne, en effet, traversant toute une chaîne de montagnes, offrait de très-grandes difficultés d'exécution, et elle ne semblait pas devoir, une fois terminée, donner d'énormes bénéfices.

Cependant, elle faisait partie du réseau, et il fallait, tôt ou tard, qu'elle fût faite. L'État — à défaut de la Compagnie — s'en chargea. Il la fit construire et en donna l'exploitation — en régie — à une Compagnie spéciale. Elle fut inaugurée en grande pompe, le 5 juin 1881, avec musiques, bouquets, agapes et discours ministériels.

Eh bien ! les ministres l'échappèrent belle.

Le lendemain, 6 juin, le premier train réel de la nouvelle ligne partait de Clermont, conduit par le mécanicien Aubry.

A 1900 mètres avant la station de Volvic, au haut d'une côte, et devant une courbe énorme qui ne permettait de voir la ligne qu'à une très-faible distance, le mécanicien Aubry, consulta le plan que lui avaient remis les ingénieurs... Ce plan annonçait une montée. En conséquence, Aubry fit desserrer les freins et forcer la vapeur.

On franchit la courbe, le train se trouva lancé sur une pente rapide...

Emporté avec une rapidité vertigineuse, malgré

tous les efforts des employés, le convoi dérailla et tous les wagons tombèrent pêle-mêle.

Le serre-frein Jean Maudcix, marié et père de deux enfants, fut tué sur le coup; trois autres employés furent grièvement blessés; une quinzaine de voyageurs furent contusionnés plus ou moins.

Immédiatement, une enquête fut ouverte : MM. Fournier, ingénieur en chef, Michaud, ingénieur de l'exploitation, Morandière, ingénieur ordinaire, se rendirent sur le lieu du sinistre.

Ici je vais citer un témoin oculaire, qui est arrivé avec eux pour les constatations :

C'est à Royat que j'ai pris le premier train se rendant, de Clermont, sur le lieu du déraillement, et je me suis trouvé placé dans le coupé qu'occupaient M. Fournier, ingénieur en chef de l'État, M. Michaud, jeune ingénieur, dirigeant la ligne de l'exploitation, fils du député, M. Paul Gaston, conducteur des ponts et chaussées. spécialement chargé de la surveillance de la ligne.

M. Morandière, ingénieur , sous la direction duquel les travaux du chemin de fer de Clermont à Tulle ont été exécutés, se trouvait dans le même train.

L'accident qui vient de se produire le premier jour de son exploitation est plus grave par ses causes que par ses conséquences, et l'enquête que nous avons vu faire par M. Fournier sur les lieux mêmes paraît devoir faire retomber la responsabilité de l'accident sur l'Administration.

Voici, d'ailleurs, des explications qui peuvent être données comme exactes :

Des dépêches de la veille ont fait connaître le nom du malheureux Jean Maudeix, dont le corps a été transporté à Clermont pendant la nuit, après avoir été gardé une partie de la journée à la gare de Volvic ; l'état des blessés paraissant assez satisfaisant, il n'y a à s'occuper que des causes de l'accident.

Le tracé de la ligne de Clermont à Tulle a été dressé par l'ingénieur Ferraud, qui avait indiqué des courbes de 300 mètres ; son devis se montait à 42,000,000 pour la construction de la ligne.

La concession fut accordée à la Compagnie de Clermont-Tulle, avec un rabais de 33 0[0 sur le devis de M. Ferraud et des modifications à son tracé, entre autres des modifications de courbes réduites à 250 mètres au lieu de 300.

L'État a racheté la ligne et l'exploite lui-même aujourd'hui.

Laqueuille est le point le plus élevé de la ligne ; cette station est destinée à desservir la Bourboule et le Mont-Dore. Son altitude est de 940 m. 40 au-dessus du niveau de la mer, et de 582 m. 93 au-dessus de Clermont. Aussi la voie présente-t-elle des pentes rapides et des courbes qui rendent ce trajet excessivement dangereux.

Le train déraillé barrait la voie ferrée, complétement défoncée par la machine renversée contre le talus ; le fourgon à moitié brisé appuyait sur le côté

10

droit, ainsi que le wagon de 3e classe qui, par contre-coup, a broyé le devant du quatrième wagon.

La vigie dans laquelle le malheureux Maudeix a été broyé se trouvait sur le devant de ce wagon, et c'est par un hasard extraordinaire que le voyageur qui se trouvait dans le compartiment au-dessous n'a pas eu le même sort que Maudeix.

Aubry, le conducteur-mécanicien, déclara n'aller qu'avec une vitesse de 30 kil. à l'heure ; en cela il a été contredit par le chef de district, M. Marnac, et un mécanicien de l'entrepreneur de la ligne.

Aubry disait : « Comment voulez-vous que la vitesse fût de 50 kilomètres, puisque je venais de monter une pente de 25 degrés !

Aubry s'est trompé, et son erreur provient du plan-profil qui a été remis au mécanicien de la ligne. Et ce profil contient une ou plusieurs *inexactitudes* de cote.

En quittant la gare de Volvic, se trouve une descente de 25 degrés ; puis la voie remonte avec une pente de 5 degrés. Le profil ne porte qu'une seule cote de 25 pour la descente et la montée.

Le mécanicien a dû donner au train une impulsion qu'il pensait nécessaire pour gravir la montée de 25 degrés.

Immédiatement après cette montée, la descente recommence avec une inclinaison de 23 degrés et se continue jusqu'à Clermont.

La vitesse acquise dut être trop forte en arrivant

au sommet de la montée, c'est ce qui fit que le train, lancé avec une grande force et rencontrant une courbe de 250 mètres, dérailla et vint buter contre les granits de la tranchée qu'il endommagea fortement.

N'est-il pas déplorable que l'existence des voyageurs ait été ainsi exposée faute de renseignements exacts fournis aux conducteurs de trains ?

Il est probable que si cette erreur n'avait pas été reconnue, le même accident aurait pu se reproduire avant peu.

Pourquoi l'Administration n'a-t-elle pas fait faire l'étude de la voie par les mécaniciens, à qui on avait fait faire le trajet deux ou trois fois, avant de leur confier la conduite des trains et l'existence des voyageurs?

Le mécanicien Aubry doit-il être déclaré responsable de la mort de son camarade Maudeix? Nous ne le croyons pas.

Je n'insiste pas sur la question des responsabilités de cet accident. Mes lecteurs feront la conclusion eux-mêmes.

Mais n'est-il pas certain qu'avec un frein puissant — comme le Westinghouse, dont je parlerai tout à l'heure, — le mécanicien, malgré l'erreur matérielle dans laquelle il avait été jeté, eût pu encore sauver son train ?

Mais, sur des lignes comme celles-là, on s'occupe bien de freins rapides...

Enfin, passons à un autre accident.

XXIII. — L'accident de Jussey.

Dans la nuit du 28 au 29 août 1881, une collision s'est produite, près de Jussey (Haute-Saône), entre le train de voyageurs n° 38 et le train n° 40 (train de voyageurs également).

Voici comment l'accident est arrivé :

Le train n° 38 était en détresse, entre les stations de Monthureux et de Jussey, par suite d'une avarie à l'une des deux machines, quand le train n° 40 est venu le rejoindre et le heurter.

Aucun voyageur de ce dernier train n'a été blessé, mais il n'en a pas été de même, hélas ! en ce qui concerne les voyageurs du train tamponné.

On compte un mort : M. Alfred Hémer, et six blessés :

M. Long (Moïse), de Colmar.

Miss Pennefalter, descendue à l'hôtel Meurice.

M. Charles Bubb, parti pour Calais.

Mme Aubry, de Bois-Colombes.

M. Malfin, rédacteur au ministère des travaux publics.

M. Jordan, de Monceau.

Laissons de côté la collision d'*Alais*, et arrivons à l'accident capital de l'année :

XXIV. — La catastrophe de Charenton.

Le 5 septembre 1881, à cinq heures trente-huit minutes du matin, partait de Montargis, en destination de Paris, le train omnibus n° 584.

Tout justement, le personnel du train était en gaieté. Plusieurs fêtes avaient eu lieu aux environs ; les excursionnistes, retournant vers Paris, semblaient encore avoir dans les oreilles les gais flons-flons des bals champêtres de la veille, et, de plus, le dernier wagon avait reçu les membres d'une société orphéonique de la Ferté-Alais, convoquée à Londres pour un concours musical. C'est dire que tout ce monde riait, chantait, plaisantait à souhait.

Ce train doit aller directement et sans arrêt, de Villeneuve-Saint-Georges à Paris. Mais le train 18, de Melun, ayant eu un retard, on avait dit au 584 de le remplacer aux stations de Maisons-Alfort et de Charenton.

A neuf heures vingt-trois, le train s'arrêtait donc à la station de Charenton, et quelques voyageurs y descendaient.

A peine le signal du départ avait-il été donné, qu'une rumeur étrange courut tout le long du train : « Nous sommes en retard ; l'express est derrière nous... » Et, en même temps, au loin, du côté de Maisons-Alfort, sur la voie, en plein soleil, on vit une ombre gigantesque glisser avec la rapidité de la foudre...

. Ici, nous laissons la parole à un témoin oculaire, notre ami et collaborateur Montjoyeux.

Voici l'émouvant récit qu'il faisait au *Figaro* quelques heures après la catastrophe :

« Il est midi. J'arrive en voiture de Charenton. J'étais dans le *Rapide* qui a crevé le train de Corbeil, et je vous envoie à la hâte quelques notes d'une main encore tremblante, c'est le cas de le dire.

« Notre train avait un peu de retard. Nous filions à toute vitesse. J'étais dans le premier wagon après la machine. Un seul voyageur avec moi; lui, faisant face à la locomotive, dans le coin de gauche; moi, dans le coin de droite, assis en sens inverse, lisant.

« Je m'aperçus que nous passions devant une station, et je levai les yeux. A peine avais-je pu lire l'inscription *Télégraphe* au-dessus de la porte de la gare, la dernière, que je fus projeté en avant, sur la banquette en face, avec une grande force. Comme une poutre qui m'aurait frappé les reins à travers un matelas. En même temps, ma valise dégringolait du filet. Le bruit d'une énorme planche brisée, des cris, — voilà tout.

« Mon compagnon restait immobile, ayant été collé à sa place, sans choc.

« — Mais ouvrez donc! ouvrez !

« Je me précipitai à la portière.

« Notre train ne bougeait plus. Tandis que j'ouvrais, sur le quai, tous les employés couraient. Déjà un homme étendu sur le trottoir. En un clin d'œil, tout en descendant, je vis la locomotive toute droite, montée sur un wagon broyé. A l'entour, les débris d'autres wagons.

« A partir de cette seconde, les cris commencèrent, déchirants ; il faut les avoir entendus pour savoir ce qu'une bouche humaine peut proférer de surhumain, d'inhumain. On doit garder cela toute la vie dans l'oreille.

« J'étais le premier sorti du train. Les employés s'étaient élancés sur une partie de wagon projetée sur le trottoir gauche, et dans lequel un homme hurlait. Nous parvînmes à le dégager. Il avait la tête en sang, un gros trou entre les yeux, les mains tailladées.

« En avançant vers la machine, à deux ou trois mètres, je vis sous les roues, une femme repliée en deux sur elle-même, la tête aux pieds, toute noire de fumée et de poussière — morte.....

« Devant la machine, sous la machine plutôt, une montagne de décombres d'où montaient des cris de détresse, d'angoisse ; la voix des femmes dominant, plus perçante, plus pressante.

« On se mit au déblayage. D'autres voyageurs, une dizaine, étaient venus, le gros se tenant à l'écart, le frère du roi de Siam et sa suite plus stupéfaits que terrifiés, des Anglais courant chercher de l'eau sucrée

— pour eux. Ces détails me reviennent. Sur la minute, ils ne me frappaient guère.

« Le spectacle était inouï d'horreur. J'ai vu retirer du puits de Frameries une cinquantaine de cadavres calcinés. Ce n'était rien, comparé à la hideur de ces malheureux. Le sang coulait, suintait. A mesure que nous enlevions les morceaux de wagons, nous touchions des corps en loques; surtout les figures, où l'on ne voyait plus un pouce de chair, — tout sang, tout blessures. Presque tous les morts et les blessés aux jambes et à la tête. Les jambes coupées à deux, trois, quatre endroits, comme de la viande de boucherie préparée au couperet, qu'on n'a plus qu'à détacher avec le couteau.

« Il n'y avait pas de médecins. Ce n'est guère qu'au bout d'un quart d'heure qu'on en put avoir. En attendant, nous portions les corps, blessés ou morts, sur les coussins de notre train qu'on avait jetés sur le trottoir. On les étendait, puis on courait à d'autres. Et l'on en trouvait toujours !

« Le déblayage était difficile, à cause de la locomotive qui surplombait. Un curé était monté dessus, près de la cheminée; je devais le retrouver un peu plus tard, quand on put songer aux premiers pansements; en voilà un, le cher vieux prêtre, qui a fait rudement son devoir ! Au milieu de tout cela passaient des gens à la recherche de leurs bagages. Vous devinez si nous les recevions bien !

« C'est seulement quand je vis alignés tous ces

cadavres ou demi cadavres que je sentis une fière secousse. Jusque-là, je n'avais eu le temps de rien. Il y en avait, des deux côtés du train, presque sur la longueur entière.

« Les femmes, toujours suppliant, criant : Mon fils ! Mon mari ! Mon père ! Mais surtout, surtout le cri des mères : Mon fils ! mon fils !

« Tout au bout, dans une salle de peintres, sur une chaise, un pauvre petit de quatorze ans, un œil crevé, tout le mollet enlevé, et un trou à la cuisse. Comme une femme m'avait tout à l'heure tiré par la jambe, réclamant son enfant, je demande au petit s'il avait sa maman avec lui.

« — Oui, mais elle est morte ! elle est morte !

« Je retourne à la femme, je lui demande son nom et je reviens à l'enfant. C'était bien sa mère. En chemin, dans mes bras, il me dit :

« — Je crois que j'ai une coupure à la jambe ; ça me cuit.

« La mère lui collait sur la figure sa figure ensanglantée, l'inondant. Elle était plus malade que lui, la pauvre, et je crois qu'elle est morte après.

« Que vous dire ? C'est inénarrable ! Dans les salles d'attente, sur les deux trottoirs, partout, des mutilés, des amputés, des écrasés, les derniers retirés, la figure violette, comme étranglés. Un tout petit enfant que sa mère affolée cherchait et qu'on ne retrouvait pas. Il était dessous, dessous ; c'est le dernier qu'on a xtrait des décombres.

« Aussitôt arrivés, les médecins se sont mis à l'œuvre avec une activité, hélas! difficile. Forcés de soigner les guérissables, souvent obligés de passer devant les irrémissiblement perdus.

« Nous sommes restés là pendant deux heures. Quand j'ai quitté Charenton, j'estime qu'il y avait une douzaine de morts, trente blessés, parmi lesquels dix gravement en danger, quelques-uns sur le point de passer, les yeux déjà retournés, l'oreille transparente et blanche.

« Les blessés se tordaient en des souffrances sans nom. On ne pouvait les maintenir, et pourtant c'était absolument nécessaire. Beaucoup, je pense, devaient être en proie au tétanos, à les voir se rouler, se convulsionner. Pour les premières bandes, nous nous sommes servis de chemises prises sur le dos d'ouvriers du pays. Les appareils se faisaient avec des bouts de planches des wagons broyés.

« Quand les secours sont venus, plus nombreux et mieux ordonnés, ou du moins plus facilement ordonnés, je suis revenu à Paris en voiture, la voie devant être obstruée longtemps encore. Je vous écris ceci bien au décousu, comme vous devinez, — avec encore du sang sous les ongles. »

A ce dramatique récit, dans lequel le brave Montjoyeux oublie de dire avec quel dévouement il a porté les premiers secours, il semble qu'on ne puisse rien ajouter.

Il nous faut pourtant donner ce que nous appellerons la note positive.

Au moment du choc, les quelques personnes qui se trouvaient encore sur les quais de la station, assistèrent à un spectacle sans nom. La locomotive du *Rapide*, dressée presque droite et semblable à un éléphant furieux, broyait littéralement sous ses roues le dernier wagon du train 584. En même temps, et par la force du choc, les chaînes d'attache de la locomotive du train de Montargis étaient brisées.

Après quelques secondes, et lorsque, les deux trains complétement arrêtés, l'avalanche humaine des voyageurs sains et saufs se fut écoulée sur la voie et dans la gare, on procéda à un déblaiement provisoire.

Vingt minutes après la catastrophe, le commissaire de police de Charenton, M. Lasselves, était sur les lieux ; bientôt après, arrivaient les brigades de gendarmerie de Charenton, de Saint-Maurice et de Saint-Mandé.

Prévenu de son côté, le colonel du 117ᵉ de ligne, caserné au fort de Charenton, envoyait également un fort détachement en armes pour prévenir tout désordre. Plus tard, et lorsque M. Camescasse, préfet de police, eut été avisé, le douzième arrondissement de Paris envoya une demi-brigade de gardiens de la paix.

A midi et demi, M. Camescasse, préfet de police, et M. Caubet, chef de la police municipale, étaient sur le théâtre de la catastrophe.

Le déblaiement fut accompli avec une rapidité qui tient du prodige.

A deux heures et demie, une des deux voies était déjà dégagée et, grâce à un aiguillage, le service était rétabli. Les wagons brisés du train 584 avaient été enlevés. Il ne restait sur la voie de gauche que la locomotive du train 16, encore dressée sur les débris de la dernière voiture du train de Montargis.

A quatre heures, les rails faussés et déjetés étaient remis en place, et si, d'une part, on n'avait eu le spectacle navrant de la foule assiégeant les abords de la petite gare pour avoir des nouvelles, et si, de l'autre, on n'eût pas ignoré la présence de vingt cadavres mutilés, soigneusement cachés dans le hangar des marchandises, il eût été difficile de s'imaginer qu'un accident de cette importance avait eu lieu six heures auparavant.

Nous venons de parler du hangar renfermant les cadavres.

Le spectacle était horrible. Tout d'abord on n'apercevait que de grandes bâches noires étendues. Puis, dans les angles, des monceaux de vêtements, des débris de toutes sortes; des coussins grisâtres tachés de sang, des lambeaux de vêtements, etc.

Contre les planches formant l'enceinte du hangar, à droite et à gauche, des formes longues et raides : les cadavres. Les faces avaient été voilées d'un mouchoir. Presque toutes les victimes avaient le bras droit jeté en avant comme pour se protéger d'un choc.... C'était absolument épouvantable.....

Dans un espace libre, au milieu du hangar, le commissaire de police de Charenton rédigeait son procès-verbal.

De temps à autre, les agents de police de Charenton et ceux du douzième arrondissement voyaient arriver des malheureux en quête d'un parent ou d'un ami disparu. Rien d'émotionnant comme les scènes de reconnaissance des cadavres...

A sept heures du soir, huit cadavres seulement étaient reconnus; ceux de MM. Clodomir Vincent, notaire; Alphonse Gautier, Fabre jeune, Millas et Mmes Fabre jeune, Saurus, Millas et Mlle Delphine Gambrelle.

Il restait onze cadavres non encore reconnus. Ils furent transportés à la Morgue de Paris, après avoir été photographiés.

Si, dans Paris, l'émotion causée par cet épouvantable accident était grande, elle était plus poignante encore dans les diverses stations de la ligne de Montargis, qui avaient fourni les voyageurs du train écrasé.

Le lendemain de la catastrophe, j'allai, en compagnie de mon collaborateur L. Nouguès, visiter toutes ces localités ; partout régnait une morne tristesse. A Ballancourt et à la Ferté-Alais surtout, les deux endroits les plus éprouvés, c'était un véritable désespoir.

Comme je l'ai dit, la Société musicale de la Ferté-Alais se rendait au concours de Londres. Elle comprenait une trentaine de musiciens ; mais, dans ces petits pays, l'orphéon ou la fanfare ne se composent pas seulement des exécutants. Il y a aussi de nombreux membres honoraires qui encouragent, de leur présence et de leur appui financier, les progrès des jeunes artistes. Ce voyage en Angleterre était une partie de plaisir, projetée depuis longtemps. Les sociétaires actifs, les membres honoraires, s'étaient rassemblés, emmenant avec eux leurs femmes et leurs enfants. C'était donc cinquante-neuf personnes en tout qui avaient pris place dans le train 584.

Or, dans des cas semblables, la Compagnie, qui fait une réduction sur le prix du voyage, donne aux excursionnistes un wagon spécial, — le dernier. On juge de la stupeur des habitants, quand lundi, vers deux heures et demie, ils apprirent que le train 584 avait été tamponné et que le dernier wagon avait été broyé complétement.

— Mais c'était le wagon de la Ferté... ils sont donc tous perdus, tous, tous !..

Ce bruit fit, avec la rapidité de l'éclair, le tour de la ville. Une foule anxieuse, haletante, accourut à la gare, voulant entrer, demandant des nouvelles aux employés qui balbutiaient, voulant des détails qu'on ignorait encore... criant, pleurant, se désolant. Enfin, deux ou trois personnes prirent le train du soir et coururent à Paris... La nouvelle n'était que trop vraie. Mais le désastre — en ce qui concernait la ville — était moins immense ; les orphéonistes n'avaient pas tous pris le fatal wagon. Ils s'étaient répandus dans le train. Cependant plusieurs étaient morts. Mais on ne savait pas lesquels...

Et alors, toute la soirée, toute la nuit, ce fut un concert de lamentations, de questions auxquelles on ne pouvait ou on n'osait répondre. Des mères, des frères, des sœurs demandaient si on n'avait pas vu celui qu'ils avaient accompagné le matin à la gare... s'il était parmi les vivants, parmi les blessés, parmi les morts... parmi ces morts défigurés, broyés, hachés en morceaux, dont les envoyés, pâles et bouleversés, parlaient avec épouvante...

Et on ne savait rien, rien, rien !

Le lendemain matin la foule qui avait passé toute la nuit devant la gare, espérant toujours une nouvelle consolation, croyant toujours voir arriver un train spécial, ramenant ceux qui étaient sauvés, la foule, disons-nous, se précipita sur les journaux qui arrivaient. On lut la première liste des morts, — celle que nous avons donnée... tous, presque tous de la Ferté ou de Ballancourt, — tous des amis, des fils, des frères !

Pendant ce temps, à Paris, à la Morgue, où deux fourgons avaient apporté les cadavres, les employés passaient la nuit à dresser la funèbre liste des victimes.

Le chiffre officiel était, dès le premier jour, de dix-huit morts et vingt-trois blessés. Il fut rapidement dépassé. Quelques jours encore et la liste était énorme. La voici complète, du reste, d'après les documents officiels.

Morts :

M. Milas, rentier, quarante-cinq ans, place du Marché-au-Blé, à la Ferté-Alais.

Mme Milas, sa femme, quarante-deux ans.

M. Fabre, plumassier, vingt-sept ans, à la Ferté-Alais.

Mme Fabre, née Sorus, vingt-quatre ans.

M. Alphonse Gauthier, vingt et un ans, étudiant, rue du Haut-Pavé, à la Ferté-Alais.

M. Clodomir Vincent, trente-deux ans, notaire à la Ferté-Alais.

Mme Sorus, née Giraux, place du Marché-au-Blé, à la Ferté-Alais.

M. Rouffanot, vingt-huit ans, propriétaire à Ballancourt, membre de la Société orphéonique de la Ferté-Alais.

Mme veuve Célestine Le Colazet, âgée de cinquante-cinq ans, rentière, à Marcy près Corbeil. Cette dame n'est pas morte sur le coup, mais elle a succombé dans le train qui la ramenait à Paris.

M. Vermot, trente-deux ans, rue Marceau, à Maisons-Alfort.

Le jeune Vermot, son fils, âgé de quatre ans.

M. Henri Tourneville, vingt-cinq ans, 47, boulevard Saint-Germain, à Paris.

Mme Marie Tourneville, née Laurent, vingt-neuf ans, 40, rue de Richelieu, à Paris.

M. Maucourt, avoué, à Pithiviers.

M. Buisson, 48, rue de Clichy, à Paris.

Mlle Delphine Gambrelle, âgée de huit ans, fille du greffier du tribunal de Pithiviers.

Mme Marie Pradeau, femme Volpette, vingt-cinq ans, blessée, transportée à la pharmacie Mercier, rue de Paris, 54, à Charenton. Cette pauvre jeune femme avait les deux jambes coupées. Elle a succombé à midi à ses horribles blessures.

Un homme inconnu paraissant âgé de trente-cinq ans, taille 1^{m}70, cheveux et sourcils bruns, nez fort, visage défiguré par les blessures, moustaches brunes.

Il est vêtu d'un pantalon gris, d'un gilet et d'un paletot en drap noir. On n'a trouvé dans ses poches ni valeurs, ni papiers.

M. Jules Frécinel, maçon à la Ferté-Alais, blessures graves, — a succombé depuis.

Mme Mathilde Lesage, femme d'un coiffeur, âgée de trente-quatre ans, demeurant à la Ferté-Alais, — morte le 23 septembre.

Son fils, M. Lesage, âgé de quatorze ans, même adresse — mort le 21 septembre.

M. Louis Huette, âgé de soixante-dix ans, rentier, à Corbeil, — mort le 20 septembre.

Blessés :

M. Péchenet, chapelier, à la Ferté-Alais.

M. Alexandre Baudet, âgé de quarante ans, agent voyer de la Ferté-Alais. Contusions, oreilles presque arrachées.

Mme Rouffanot, née Ardouin, à Ballancourt, une jambe cassée et les muscles inférieurs de la face arrachés ; l'infortunée demandait toujours à voir son mari, dont elle ignorait la mort.

M. Hector Jumeau, carrier, âgé de vingt-sept ans, demeurant à Ballancourt. Blessé très-grièvement

Mme Phenean, née Marcel, modiste, âgée de trente-cinq ans, demeurant à Ballancourt. Blessée à la jambe droite.

Mme Eugénie Vautravert, âgée de quarante-huit ans, demeurant à Ballancourt. Les deux jambes cassées.

Son fils, M. Émile Vautravert, âgé de vingt-cinq ans, même adresse. Douleurs internes.

M. Georges Bourry, marchand de nouveautés, demeurant à Armonville (Seine-et-Oise). Fortement contusionné.

M. Marchand, âgé de trente-quatre ans, employé de commerce, demeurant à Malesherbes.

Mme Marie Marchand, ménagère, demeurant à Malesherbes, trente-quatre ans, blessée à la tête.

M. Georges Boutet, employé de commerce, âgé de vingt-sept ans, demeurant à Rouville. Figure fortement contusionnée. On a trouvé dans une des poches de M. Boutet une somme de 1,700 fr. en billets de banque, qui a été remise au chef de gare.

M. Paul Perrot, garde des eaux et forêts, à Pithiviers. Blessé très-grièvement.

M. Jean Barthez, mécanicien, âgé de trente-sept ans, demeurant à Pithiviers. Très-grièvement blessé.

M. Antoine Volpette, âgé de trente-deux ans, employé de commerce, demeurant rue de Rome, 99, à Paris.

Mlle Louise Renoux, âgée de cinquante ans, modiste, demeurant rue de Penthièvre, 19. Légères blessures à la tête et à l'œil droit.

M. Émile Beurdeley, âgé de vingt-quatre ans, demeurant rue des Vinaigriers, 22, à Paris. Cuisse fracturée.

M. Rabastein, trente-six ans, tailleur, rue Saint-Jacques, 13, à Paris.

M. Hubert Brown, âgé de dix-neuf ans, piqueur au service municipal de la Ville de Paris, demeurant rue de Malte, 53. Plusieurs blessures.

M. Hubert Davigne, âgé de soixante-trois ans, sculpteur, demeurant rue Vaneau, 17, à Paris.

Puis viennent :

MM. Fresneau, à Pithiviers ; Jumeau, à Ballancourt ; Aramy, 19, rue du Mail.

Mme Courbe, à Corbeil ; MM. Vehrlen, 77, rue Lemercier ; M. et Mme Proust, à Pithiviers.

MM. Koningsweld, 8, rue de la Lingerie ; Gambrelle, à Pithiviers ; Gambrelle (neuf ans), id. ; Mlle Gambrelle (six ans), id.

Mme Bessé, 4, passage Saint-Philippe-du-Roule ; M. Laviéville, 11, avenue Malakoff ; Mme Delavaux, à Ballancourt : Mme Sigrist, 13, rue Hérold ; M. Scailles, 15, rue Béranger ; Mme Martin, 9, rue de Saintonge ; Mme Gabet, à Faverolle (Loiret) ; Mme Paquot, 30, quai de la Loire.

M. Bretnacher, 7, passage Tivoli ; Mlle Vaudron, à Massy (Seine-et-Oise) ; Mlle Normann, 13, rue de la Monnaie ; M. Toutin, 29, rue de l'Ouest ; Mme veuve Olivier, à Milly (Seine-et-Oise).

MM. Stehlin, à Ormoy (Seine-et-Oise) ; Bessières, commis ambulant des postes, 26, boulevard de l'Hôpital.

MM. Prevost, à Corbeil, 2, rue du Pont ; Caille, instituteur, 52, rue de Reuilly ; Layton, 4, rue Bailleul ; Mlle Petit, à Ballancourt.

MM. Laure, maire à Huisson (Seine-et-Oise) ; Laurent, employé des finances, 16, rue des Marais ; Hébert, à Ris-Orangis (Seine-et-Oise) ; Trecot, à la Ferté-Alais ; Bouvard, à Corbeil ; Goodison, à la Ferté-Alais.

MM. Depussay, à Milly (Seine-et-Oise) ; Cour, sous-chef de bureau à la mairie du 17e arrondissement, 27, rue Saint-Ferdinand ; Mlle Lanoée, à Ris-Orangis (Seine-et-Oise) ; Mlle Chalines, à Pithiviers-le-Vieil ; Mme Dosne, à Champcueil (Seine-et-Oise).

MM. Caillet, 24, rue Royale ; Cartou, 165, boulevard de la Villette ; Berly, 19, rue Jean-Jacques-Rousseau ; Cassan, 9, rue Mogador ; Mme veuve Jarrige, à Auxy (Loiret).

Il y a eu des voyageurs qui ont dû leur salut à des hasards providentiels. Ainsi M. le curé de la Ferté, qui avait pris place dans l'un des derniers wagons du train, est descendu à Draveil pour parler à quelqu'un et n'est pas remonté. Un autre, un orphéoniste, a eu l'idée d'acheter un journal à la gare de Charenton, et c'est au moment où ses camarades lui criaient de se presser pour ne pas manquer le départ, que le train 10 est arrivé.

Ce fut, comme à Levallois, M. Clément, commissaire aux délégations judiciaires, qui fut chargé d'établir les responsabilités. Question difficile à résoudre. Personne n'avouait être en faute. Tout le monde prétendait avoir fait son devoir. Le mécanicien du train 10 n'était pas en avance comme on l'avait dit, et il demandait s'il est humainement possible, à trois ou quatre cents mètres, d'arrêter un train lancé avec la vitesse qu'a le *Rapide*... Les employés du train 584 disaient de leur côté qu'au péril de leur vie, ils avaient essayé d'*enlever* leur train et de fuir à toute vitesse devant la poursuite de l'express. Ils ne l'avaient pas pu, les chaînes d'attache s'étant rompues. Enfin, on disait que les signaux n'avaient pas été faits. L'aiguilleur affirmait que si...

On procéda à des constatations.

11.

M. Clément ayant voulu se rendre compte du temps qu'il fallait pour *couvrir* un train en gare, avec les signaux ordinaires, fit exécuter la manœuvre du disque. Cette manœuvre se fit très-difficilement, malgré la vigueur du mouvement imprimé.

On en avertit le chef de gare, M. Verdier, qui devint très-pâle, en reconnaissant la justesse de cette observation. On fit alors appeler l'aiguilleur.

Celui-ci, un jeune homme de dix-huit ans, arriva les larmes aux yeux. Il répéta qu'il avait fait son devoir et que ce n'était pas sa faute si « le disque ne marchait pas ». A qui fallait-il donc s'en prendre? M. Clément ne put que mettre les scellés sur la transmission pour qu'elle fût plus tard examinée.

En attendant, presque tous les morts étant reconnus, et les constatations médico-légales terminées, on s'occupa de la question des obsèques.

Six bières contenant les corps des victimes de la Ferté-Alais furent conduites dans des fourgons, de la Morgue, à la gare de Lyon. Trois corps, ceux de M. et Mme Fabre et de Mme Sorus, partirent par le train de 3 h. 15; les trois autres par celui de 5 h. 55.

Le corps de M. Vincent, notaire, mis en un cercueil de plomb, fut transporté par les soins de son frère aîné, à Châteaudun d'abord, puis à Bonneval, son pays natal.

Par le train de 5 h. 55, également, partirent, le corps de M. Rouffanot, de Ballancourt, celui de

Mme Le Colazet, de Marsy, et deux cadavres de Pithiviers. Le corps de la jeune Delphine Gambrelle ne fut expédié que deux jours plus tard.

Croirait-on, qu'en cette funèbre circonstance, des difficultés se sont élevées ?

Les familles demandaient que la Préfecture ou la Compagnie prissent à leur charge la moitié des frais de transport.

D'un autre côté, la Compagnie de Lyon, la Compagnie où avait eu lieu l'accident, invoquant le texte de son cahier des charges, exigeait que chaque corps fût placé dans un wagon spécial. Et pendant ces discussions, les pauvres corps restaient là en litige!...

C'est inouï !

Et la Morgue était encombrée de parents éplorés venant remplir les formalités d'usage. Les employés de la Morgue, qui ne sont que cinq en tout: un greffier en chef, un greffier, deux garçons d'amphithéâtre et un appariteur, passèrent sans dormir deux jours et deux nuits!

Puis, on continuait l'enquête. Les ingénieurs de la Compagnie, le commissaire de surveillance, le juge d'instruction, le procureur de la République, M. le commissaire Clément, passaient des journées entières à faire jouer les disques et à constater qu'ils ne jouaient pas bien ; à faire faire des avertissements de Villeneuve et à constater qu'ils ne servaient pas à grand' chose. En effet, quoi qu'on puisse dire, nous n'admettrons jamais que, lors même que le disque eût bien fonctionné, l'accident eût pu être évité : on n'arrête pas un *Rapide* à trois cents mètres.

La faute, la grande faute, tout le monde le disait, c'était d'avoir laissé le train 584, *qui était déjà en retard*, se retarder encore par des arrêts irréguliers et anti réglementaires, à Maisons-Alfort et à Charenton, alors qu'il avait, derrière lui, un train-éclair qui pouvait le tamponner d'un moment à l'autre.

Car, il ne faut pas l'oublier, le train 584 *ne doit pas s'arrêter* entre Villeneuve et Paris. Il arrive à Villeneuve-Saint-Georges à 9 heures 7 minutes. S'il a des voyageurs pour Alfort et Charenton, il les dépose et continue sa route pour arriver à Paris à 9 heures 30, — précédant le rapide de vingt-troisminutes.

Les voyageurs, eux, prennent à Villeneuve le train n° 18 qui arrive de Montereau, et qui doit repartir de Villeneuve à 9 heures 14 ; il les dépose à destination et arrive à Paris à 9 heures 43, dix minutes avant le *Rapide*.

Or, quand le train 584 s'est arrêté à Villeneuve, le train de Montereau était déjà passé. Alors, au lieu de continuer directement sa route, comme le règlement général l'indique, le train de Montargis s'est arrêté à Alfort — premier retard, puis à Charenton — deuxième retard, si bien qu'il était encore là à 9 heures 47, alors que depuis plus d'un quart d'heure, il aurait dû être garé à Paris.

Il n'y a pas à aller chercher ailleurs, que cet inexplicable ralentissement, d'un train *direct* qui se fait omnibus, alors qu'étant déjà en retard, il eût dû au contraire presser sa marche...

La Compagnie a craint les réclamations des voyageurs. — Pour éviter ces réclamations et peut-être aussi un rapatriement, une indemnité de quelques francs, — elle a fait tuer vingt-deux personnes et en a fait estropier une soixantaine !

C'est du reste la question d'argent que nous trouvons toujours dans ces catastrophes. Le disque ne fonctionne pas, parce qu'on ne l'inspecte pas assez souvent, parce qu'on recule les réparations, disant : Il ira bien encore aujourd'hui ! — question d'argent. On met à cette manœuvre un jeune homme de dix-huit ans : — question d'argent. On n'a pas de freins suffisants pour éviter une collision : — question d'argent, toujours question d'argent. On dirait vraiment que les Compagnies sont aux abois, — et elles roulent sur les millions.

Cette question d'argent, en ce qui concerne les employés, est d'ailleurs terrible. On se moque absolument de leur santé et de leur vie, pourvu qu'ils fournissent la plus grande somme possible de travail. Nous en avons cité assez d'exemples dans les chapitres précédents, et l'on verra plus loin que les amis les plus chauds des Compagnies le reconnaissent eux-mêmes.

Tenez, par exemple, prenez l'*aiguilleur*, ce modeste et si important employé, d'un faux mouvement duquel peut dépendre la vie de mille personnes ; que lui donne-t-on ? Quatre-vingt-dix, cent, cent vingt francs par mois !

Or, des postes d'aiguilleurs sont quelquefois chargés de faire dans un *court espace de temps six et huit aiguilles...* (1)

Du haut en bas, c'est ainsi. « Un de ces jours, nous disait un chef de gare, la fatigue et les préoccupations me rendront fou, et je ferai sauter tous les trains ! »

Mais qu'est-ce que cela peut faire aux Compagnies ? Trois jours après chaque accident, quand le service est rétabli, quand la voie est nettoyée, quand le sang est lavé ou disparu sous le sable, les administrateurs des Compagnies se remettent à compter leurs écus et se rient des journaux et du public.

Ils se disent qu'on se lassera de crier, qu'on prendra tout de même leurs trains, puisqu'on n'en a pas d'autres, au risque de tous les dangers, qu'on leur donnera tout de même de l'argent pour eux et leurs actionnaires, et que rien ne sera changé.

« On en tue bien d'autres en Afrique, disent-ils en riant. Qu'importe ! Chair à canon ou chair à locomotive ? »

Eh bien ! il faut aller plus loin que les aiguilleurs et les tourneurs de disque ; il faut monter plus haut

(1) Dans un jugement en septembre 1881, à Melun, il a été constaté qu'un homme d'équipe, qui touchait 90 francs par mois, avait *dix-huit* aiguilles à manœuvrer.

que les chefs de gare, plus haut que les administrateurs, plus haut encore que les directeurs généraux,
il faut monter déposer ses reproches et ses malédic-
tions jusqu'à la *Commission supérieure.*

De qui se compose-t-elle? Nous ne savons. Peu
nous importe. Amis ou ennemis, ce sont eux qui sont
responsables de la mort des victimes ; c'est à eux
qu'il faut demander compte de ce sang versé.

Il y a une *Commission d'enquête des accidents...*
que fait-elle? qu'a-t-elle fait pour les empêcher?

Elle étudie et ne prescrit rien. Comme toujours,
elle nomme des rapporteurs, qui font des rapports
qu'on classe, et toujours comme cela jusqu'à la fin
des siècles !

Mais prend-elle des mesures? Non. Les Compagnies le savent bien, et c'est pour cela qu'elles haus-
sent les épaules quand on demande des réformes, des
améliorations.

Tenez, l'appareil Baillehache, dont nous parlions
tout à l'heure, la Commission technique, la *grande
Commission*, l'a reconnu *très-ingénieux* et apte à
rendre de grands services. Tous les savants ont
admiré son ingéniosité, en même temps que la simplicité de sa construction.

Eh bien! savez-vous la réponse qu'a faite **un gros**
bonnet d'une Compagnie à l'inventeur?

« Quand votre brevet sera tombé dans le domaine
public, nous verrons ça ! »

Question d'argent, toujours !... Pourtant, la dépense n'est pas énorme : l'établissement du système revient, chiffres en main, à 500 francs par kilomètre et l'entretien est presque insignifiant.

Les Compagnies aiment mieux payer des indemnités chaque fois qu'un malheur arrive.

Et la Commission des accidents les regarde faire. Elle a peut-être raison. Elle n'aurait plus lieu d'exister, cette Commission, s'il n'y avait pas d'accidents.

Ah! si un ministre avait la tête cassée dans une de ces catastrophes!...

XXV. — Le contrôle de l'État.

Quand on y réfléchit bien, en effet, on se dit que les administrateurs et les directeurs des Compagnies seraient bien bons... pour ne pas employer un autre mot, de faire des dépenses d'amélioration, auxquelles personne ne les force.

Somme toute, les Compagnies sont, avant tout, des entreprises commerciales ; leur devoir, à ce titre, est de gagner le plus qu'elles peuvent, avec le moins de dépenses possible...

Mais s'il arrive un accident?... Ah! les Compagnies vous diront qu'il est de règle que « les accidents ne doivent jamais être prévus ». Et puis au besoin, — *on paye la casse.*

C'est le mot réel, dans toute sa cynique barbarie. Et elle a raison, la Compagnie, de parler ainsi. Les accidents ne coûtent pas autant qu'on pourrait le croire; dans mes recherches à ce sujet, j'ai été stupéfait d'apprendre le fait véritablement inouï que voici : *il y a un bon tiers des indemnités que les Compagnies réussissent à ne pas payer.*

Comment? C'est bien simple. Les gens en vue, ceux qui sont riches, ceux qui ont des situations, sont indemnisés tout de suite. Mais, pour les autres, les pauvres diables, les estropiés que leur blessure a réduits à la plus extrême misère, on se laisse poursuivre, on ajourne de mois en mois. Cela prend du temps. Puis les huissiers, les avoués, les avocats demandent des *provisions*, de l'argent d'avance : le malheureux n'en a pas... il renonce au procès, il attend des jours meilleurs. Bientôt, il crève de souffrance et de misère, et, en recevant le bulletin de décès, le chef du contentieux s'écrie en se frottant les mains :

« Encore un de réglé à *l'amiable*... Classons le dossier!... »

Donc, c'est bien entendu : le public n'aura jamais raison d'engager une lutte avec les Compagnies...

Il est vrai qu'il a un protecteur : *le Contrôle de l'État.*

Hélas! elle est bien bénigne — pour ne pas dire plus — l'action des agents du contrôle.

Un inspecteur général, des ingénieurs, sont attachés par le ministère des travaux publics au contrôle des chemins de fer.

Ils doivent surveiller l'exécution des modifications, les prescriptions que l'État propose, ordonne quelquefois et homologuer, approuver *religieusement*, celles que les Compagnies demandent.

Et c'est tout....

On ose à peine inviter les Compagnies à se préoccuper des moyens propres à défendre la vie humaine... et quand on le fait, c'est pour la forme.

La circulaire ministérielle (comme presque toutes les circulaires) est publiée, donnée en maigre pâture au public. On fixe des délais pour expérimenter, étudier..... Quel bon billet qu'a ce pauvre public !

Le personnel du contrôle aurait tort de croire que nous voulons le rendre responsable de l'incurie, du mauvais vouloir des Compagnies.

Non, nous voulons seulement dire, ce qu'ils savent d'ailleurs, que les emplois du contrôle sont d'agréables sinécures, fort recherchées, et que les ingénieurs sachant qu'ils seraient au besoin désavoués par le ministre, s'ils portaient le fer rouge sur la « routine sacrée », ne disent rien et se contentent de *viser*... avec avis favorable.

Agir autrement, je le répète, serait dangereux.

En voulez-vous une preuve, voulez-vous avoir une idée de la liberté d'action qu'ont les ingénieurs de l'État, qui sont censés *surveiller* les Compagnies ?.

En 1872, sur la ligne de Lyon, à Champigny, un

train direct, le 23, si je ne me trompe, déraillait par suite de la rupture d'un essieu placé sous un wagon de petite vitesse série Sf., un wagon à houille à frein.

Cette catastrophe émut douloureusement l'opinion, comme aujourd'hui, — comme toujours.

Il y eut une instruction commencée par le tribunal d'Auxerre.

Et, chose rare, malheureusement, l'inspecteur général du contrôle de la Compagnie, M. C... eut le courage de faire son devoir.

Il établit, pièces en main, que la Compagnie, par l'organe de son directeur, avait elle-même demandé l'homologation d'une prescription ou plutôt d'une interdiction importante.

« *Défense expresse d'introduire dans la com-*
« *position des trains marchant à plus de* 50 *kilo-*
« *mètres à l'heure, des wagons de petite vitesse.* »

Défense sage, motivée sur ce qu'un essieu de petite vitesse soumis à une vitesse supérieure à celle pour lesquelles il est construit, présente rapidement des *pailles* qui amènent la rupture inévitable.

Cette prescription, approuvée par le ministre, n'avait pas été remplie par la Compagnie, puisqu'un wagon Sf. *faisait partie du train direct* 23....

Le Directeur était donc responsable sans nul doute, et M. C..., dédaignant justement de faire des sous-ordre, les boucs émissaires des iniquités de P. L. M., concluait à la *responsabilité directe* du Directeur.

Devant cet acte de courage et de justice, la Compagnie s'émut. Un Directeur passer en cour d'assises, a-t-on jamais vu ça? Était-ce possible?

Condamnée à Auxerre, la Compagnie interjeta appel; — avec le machiavélisme propre aux puissants du monopole, elle tortura le texte, le sens de la fameuse *circulaire*.

Et pour que la Compagnie et son Directeur pussent échapper à la condamnation, le Ministre, relevant ses subordonnés, et voulant inspirer aux Compagnies une salutaire crainte de son contrôle... désarma M. C... *et le déplaça en lui donnant le contrôle de l'Est!!!*

Cet exemple, que nul ne peut nier, car les preuves en existent au ministère des Travaux publics, suffira, je l'espère, pour édifier le public sur ce que peut, doit être, l'efficacité du contrôle.

Je pourrais citer bien d'autres faits :

Ainsi, tenez, à propos de l'accident de Charenton, tout le monde s'étonnait de voir affirmer l'impossibilité d'arrêter le *Rapide* dans un espace de 300 mètres. « Sur l'Ouest, nous dit-on, on a arrêté à moins que cela. »

C'est que l'Ouest, — à la suite peut-être d'une dure expérience, — a adopté un frein spécial, plus puissant que les freins ordinaires, — le frein Westinghouse, à air comprimé à cinq atmosphères, et qui depuis plus de quinze ans déjà fonctionnait sur les lignes d'Amérique et d'Angleterre.

Ce frein, essayé le 21 mai 1873, par le *Calédo-*

man-Railway, entre Glascow et Verniss-Bay, sur un train de 12 voitures et 2 fourgons, a fourni le résultat moyen suivant : En rampe de 0,005 par mètre à la vitesse de 14 kil., le train a été arrêté, après avoir parcouru l'espace restreint de 251 mètres en 25 secondes.

Sur les lignes à faible vitesse, comme la Ceinture et le Métropolitain de Londres, l'arrêt est obtenu après un parcours moyen de *cinquante mètres*, et qui peut s'abaisser à vingt-cinq.

Dans ce cas, il est vrai, les voyageurs nerveux subiraient une trépidation des plus désagréables, mais on est sûr d'avoir sous la main les moyens d'éviter une rencontre.

La Compagnie du Nord, elle, a adopté le frein Smith, dit « par le vide ». Un peu moins instantané que le Westinghouse, le frein Smith possède néanmoins une force suffisante pour éviter une rencontre à 400 mètres.

L'Est essayait dernièrement, sur plusieurs de ses trains, un frein électrique qui, dit-on, peut arrêter net le mouvement de toutes les roues à la fois.

La Compagnie de Paris à Lyon a essayé concurremment, il y a deux ans, le Westinghouse et le Smith... et, dans l'embarras du choix, elle n'a pris ni l'un ni l'autre... Elle a fait comme un bourgeois qui, après avoir expérimenté l'huile, le gaz et l'électricité, comme modes d'éclairage, s'en tiendrait, sous prétexte qu'il attend la perfection, à la vulgaire et vieille chandelle des six. . Il est vrai que, concurremment avec les expériences des freins Westing-house, Smith et Hardy, les ingénieurs avaient à s'occuper d'étudier une *machine à broyer l'encre de Chine*, mue par le gaz, véritable bijou, fort précieux pour leurs bureaux. Ce fut à cette machine qu'ils donnèrent surtout leurs soins — on ne peut pas tout faire à la fois — et la circulaire ministérielle, prescrivant les freins à arrêt rapide, fut éludée...

Et la Compagnie, riant dans sa barbe, continuait à se servir du vieux frein à sabot, manœuvré par des hommes et avec lequel il faut une distance de douze cents mètres pour arrêter...

C'est pour cela que le mécanicien du *Rapide* n'a rien pu faire à Charenton (1).

XXVI. — Le frein Westinghouse.

Puisque nous en sommes sur la question des freins, c'est le moment de parler de celui qui — grâce aux

(1) Depuis, la Compagnie de Lyon, à l'exemple de l'Ouest et de la Ceinture, a adopté le frein Westinghouse (sauf une légère modification). Le Midi, l'Orléans, l'Est, ont également adopté ce frein, dont nous allons parler plus loin, en détail. Il est de plus à l'essai sur les lignes de l'État, et le Nord lui-même va l'employer pour la nouvelle malle des Indes.

réclamations du public, grâce aussi à la campagne faite par la presse et où, Dieu merci ! nous avons été toujours au premier rang — va bientôt être adopté dans toute la France : le Westinghouse.

On a, dernièrement, dans certains journaux, beaucoup combattu, beaucoup décrié ce frein. On lui a fait maintes objections. Ces objections, ces reproches, les mérite-t-il ? Nous le verrons tout à l'heure.

Mais, d'abord, examinons son fonctionnement.

Le serrage du frein à air comprimé, de Westinghouse, s'obtient par la manœuvre d'un robinet qui fait écouler une partie de l'air comprimé contenu dans la conduite générale qui règne sur tout le train. Cette diminution de pression occasionne, sous chaque véhicule, le déplacement d'une soupape spéciale dite *triple valve*, parce qu'elle remplit les fonctions d'un robinet à trois voies ; il en résulte la mise en communication d'un réservoir chargé d'air comprimé (porté par le véhicule) avec le cylindre, qui opère le serrage des sabots du frein par l'intermédiaire de deux pistons.

Pour desserrer, le mécanicien ramène son robinet dans la position initiale, et met la conduite générale du train en communication avec un gros réservoir d'air comprimé placé sur la machine, l'air se rend dans la conduite générale et l'augmentation de la pression qui en résulte soulève la triple-valve.

Deux effets résultent de ce mouvement : 1° Les pistons de serrage des freins sont mis en communication avec l'atmosphère, et le desserrage des sabots s'opère au moyen d'un ressort de rappel ; 2° la communication est établie entre la conduite générale et le petit réservoir auxiliaire, placé sous chaque voiture, . le réservoir se recharge d'air comprimé, et est tout prêt à agir par un prochain serrage.

L'air est comprimé par une petite pompe à vapeur placée sur la machine.

Nous renvoyons, d'ailleurs, pour plus de détails, à l'ouvrage spécial (1) qui indique dans une première partie les appareils dont se compose le frein Westinghouse, et qui donne dans la seconde partie la description détaillée des organes principaux.

Tous les véhicules ayant une vigie ou guérite, et pouvant recevoir un conducteur ou un serre-frein, sont munis d'un robinet branché sur la conduite principale.

En manœuvrant ce robinet, un agent occupant une position quelconque dans le train, peut produire le ralentissement ou même l'arrêt du train (2).

(1) *Note sur le frein Westinghouse*, par Jules Morandière, Paris, 1881. Voir aussi l'Album publié par la Compagnie du frein continu Westinghouse, 60 et 62, rue de la Victoire, Paris.

(2) On a de la sorte amélioré la situation qui existait de tout temps pour les trains non munis du frein continu ; pour ces trains, un agent ne peut qu'attirer l'attention du mécanicien, sans avoir le moyen de produire l'arrêt, comme l'indique l'extrait suivant du *Règlement des conducteurs de train*, art. 83 :

« Lorsque les conducteurs qui ne sont pas en communi-

On a donc réalisé, par l'intermédiaire du frein à air comprimé automatique un excellent moyen de mettre les agents du train en communication entre eux, et on satisfait ainsi à la prescription de l'article 23 de l'ordonnance du 15 novembre 1846, rappelée un très-grand nombre de fois, et en dernier lieu, par la circulaire ministérielle du 13 septembre 1880, de M. le ministre des travaux publics.

On a constaté jusqu'à ce jour plusieurs cas où les agents du train ont fait utilement usage de ce moyen de communication : ainsi, par exemple, un mécanicien ayant, par erreur, mis son train en mouvement lorsqu'il restait encore des voyageurs à monter, le conducteur d'arrière a pu arrêter le train de suite par la manœuvre du robinet mis à sa disposition.

La facilité d'opérer le serrage par un agent quelconque a même conduit la Compagnie de l'Ouest à entrer en toute sécurité dans la voie des groupes de voitures laissés en route par un train express à une station où il ne s'arrête pas, au moyen d'un déclanchement. Seulement, pour permettre de bien modérer l'arrêt du groupe laissé, on a remplacé, sur la voiture à frein qui est la première de ce groupe, le robi-

cation avec le mécanicien au moyen de la cloche du tender s'aperçoivent de quelque danger ou de quelque accident qui nécessite l'*arrêt immédiat du train*, ils doivent *serrer spontanément leurs freins* et agiter ensuite le drapeau rouge ou leur lanterne, suivant qu'il fait jour ou nuit; cette manœuvre sera répétée par chacun des conducteurs jusqu'à ce que le mécanicien ait été averti. »

net simple par un robinet pareil à celui du mécanicien, et l'on a ajouté un petit réservoir d'air fonctionnant comme celui de la machine-locomotive.

Nous ne croyons pouvoir mieux terminer ces généralités sur le frein Westinghouse, qu'en énumérant un certain nombre d'accidents évités par son emploi.

1. — Collision.

15 juillet 1880. — Train 18. — Entre les poteaux kilométriques 12 et 11. — Une voiture attelée d'un cheval était tombée du talus sur la voie ; le train 18 qui approchait put être arrêté à 60 mètres environ de cette voiture ; la voie est en pente continue de 5 millimètres par mètre.

2. — Personnes suivant ou traversant la voie en dehors des gares, etc.

18 novembre 1879. — Train 46 (Versailles R.-G.). — Passage à niveau de la Patte-d'Oie (près Versailles). — Au moment où le train 46 arrivait au passage à niveau de la Patte-d'Oie, une charrette attelée de deux chevaux traversait le passage à niveau, dont les barrières étaient restées ouvertes, par erreur ; le train composé de dix véhicules, et fortement lancé sur une pente de 5 millimètres, a pu être arrêté dans un parcours de 100 à 110 mètres.

6 mars 1880. — Train 28 (Versailles R.-G.). — Entre Versailles (R.-G.) et Viroflay. — Le mécanicien du train 28 aperçut un enfant marchant sur la voie ; il put arrêter à temps, en faisant usage du frein.

13 mars 1880. — Train 4. — Passage à niveau à 200 mètres de la gare de Bellevue. — Une dame conduisant une voiture d'enfant s'étant précipitée pour traverser le passage à niveau devant la machine, le train put être arrêté à 4 mètres environ de cette dame.

7 mai 1880. — Train 17 (Versailles R.-D.). — Pont de Neuilly. — Le mécanicien apercevant un homme qui cheminait à une faible distance sur la voie siffla, mais vainement ; il appliqua alors le frein et put arrêter à 10 mètres environ de cet homme.

15 décembre 1880. — Train 36. — Rampe de Saint-Germain. — Au moment du passage du train 36, un surveillant de nuit était tombé sur la voie. Le train put ralentir assez rapidement pour permettre à cet homme de se relever et de passer dans l'entre-voie.

3. — Personnes traversant la voie dans les gares et surprises par l'arrivée d'un train.

22 juin 1879. — Train 244. — Clichy-Levallois. — Un voyageur était tombé en traversant la voie, à l'arrivée du train 244 ; le mécanicien, en appliquant brusquement le frein à air, parvint à arrêter le train sans avoir atteint le voyageur.

20 mars 1880. — Train 50. — Belleville-Villette. — Une dame traversait la voie à 25 mètres devant la machine ; le mécanicien a pu s'arrêter sans l'atteindre.

4 avril 1880. — Train 60. — Ménilmontant. — Un voyageur traversait devant le train qui arrivait en gare. — L'arrêt a eu lieu dans un espace de 18 mètres.

15 mai 1880. — Train 53. — Vaugirard-Issy. — Des voyageurs essayaient de monter à contre-voie dans le train 148. Le train 53 put s'arrêter à $0^m,50$ d'une femme et d'un enfant qui se trouvaient sur la voie.

21 juin 1880. — Train 32. — Batignolles. — Au moment de l'arrivée du train, le laveur Hayes, par suite d'un faux pas, est tombé du quai sur la voie. L'arrêt du train eut lieu à 6 mètres environ de Hayes.

25 août 1880. — Train 70. — Le Point-du-Jour. — Le train 70 arrivait au Point-du-Jour ; le mécanicien apercevant une femme étendue sur la voie, appliqua le frein et

put arrêter assez tôt pour ne toucher cette femme que très-légèrement à la hanche.

31 octobre 1880. — Train 54. — Puteaux. — Le train 7 étant en gare, un voyageur d'impériale descendit à contre-voie pour chercher un panier qu'il avait laissé tomber; le train 54 qui arrivait, et qui d'ordinaire ne s'arrête pas à Puteaux, a pu être arrêté à 1 mètre environ du voyageur.

4. — Obstacle se trouvant inopinément sur la voie.

31 août 1870. — Train 141. — Passy. — A l'arrivée du train 141, en gare de Passy, le mécanicien a pu, en appliquant vivement son frein à air, s'arrêter à 6 mètres d'une voiture à bras chargée de trois colis, qui était tombée sur la voie, et qu'un homme cherchait à replacer sur le quai.

5. — Matériel en stationnement ou en manœuvres et non garé à temps.

31 janvier 1880. — Train 58. — Aubervilliers. — En entrant en gare, vers 6 h. 40 du soir, le mécanicien trouve les signaux à la voie libre; mais il entend crier, il applique son frein et parvient à arrêter son train dans l'espace de 20 mètres avant d'atteindre des wagons laissés sur la voie principale par les agents de la gare, et non éclairés.

11 août 1880. — Train 25. — Èvreux. — Un wagon chargé de paille était en manœuvre sur les voies principales, lorsque le train 25, qui avait trouvé les signaux laissés par erreur à la voie libre, arriva en gare; le mécanicien put s'arrêter à 20 mètres environ du wagon.

Nous avons dit que le frein Westinghouse était *automatique*. Expliquons un peu ce que nous entendons par cette appellation :

Dans le frein Westinghouse, l'action des appareils est toujours préparée à l'avance sur toutes les voitures du train ; ce frein est par suite comparable, comme on l'a dit quelquefois justement, à une série d'armes chargées et armées, et qui seraient par conséquent prêtes à agir sous une très légère pression. Il résulte de là : 1° que l'on peut faire agir les freins d'une façon à la fois très-prompte et simultanée ; 2° qu'ils entrent d'eux-mêmes en action, lorsqu'il se produit dans le train une fuite ou un dérangement assez important pour que la certitude du fonctionnement ultérieur ne soit plus complète. Bien que ces dérangements soient extrêmement rares, c'est là une propriété des plus précieuses : en effet, si elle n'existait pas, les dérangements de l'appareil ne se révéleraient que par son non-fonctionnement au moment voulu, ce qui pourrait être une cause directe d'accidents graves ; les agents habitués à arrêter leur train dans un espace d'autant plus court que le frein est plus puissant, et à marcher rapidement, grâce à cet appareil, en toute tranquilité d'esprit, se trouveraient dans l'impossibilité absolue d'employer efficacement les autres moyens d'arrêt à leur disposition, s'ils s'apercevaient inopinément, dans un cas d'urgence, que le frein continu ne fonctionne pas.

Cependant, l'automaticité a été l'objet de vives critiques, basées sur ce qu'elle expose le train à s'arrêter en pleine voie ; c'est certainement là le défaut inhérent à sa qualité ; mais d'une part, l'inconvénient se présente très-rarement ; de l'autre, quand il se présente, il n'a aucune gravité ; en effet, il suffit presque toujours, en pareil cas, d'une ou deux minutes pour remettre les choses en état et reprendre la marche. D'ailleurs, un arrêt momentané en pleine voie est un incident qui se produit beaucoup plus fréquemment par une foule d'autres causes, qui est prévu par les règlements et qui, par suite, est sans importance ; il ne saurait à aucun degré être comparé avec le danger considérable indiqué ci-dessus pour le cas où le frein ne serait pas automatique, et que rien ne peut conjurer lorsqu'il se présente (1).

Préférer l'automaticité dans les freins, c'est, d'ailleurs, suivre la marche qui est adoptée, dans un grand nombre de cas, par toutes les Administrations de chemins de fer ; c'est ainsi, par exemple, que les appareils électriques sont disposés de façon à faire partir une sonnerie d'avertissement lorsqu'il y a un dérangement ; c'est ainsi encore que lorsque le fil d'un signal à distance vient à se rompre, le signal se place de lui-même à l'arrêt ; on préfère ici, avec raison, arrêter non pas un train seul, mais tous les trains qui se présentent jusqu'à ce que le signal soit réparé, plutôt que de courir, avant que la gare soit avertie, le risque d'une collision éventuelle.

(1) Un des cas particuliers où l'automaticité devient utile est celui de la rupture d'attelage : les freins se serrent alors d'eux-mêmes très-rapidement *dans les deux parties du train.*

Lorsque la sécurité peut se trouver engagée, on préfère donc toujours courir la chance d'arrêter de loin en loin un train, plutôt que de s'exposer au risque d'une collision ; cette méthode, très-rationnelle, doit, *a fortiori*, être suivie pour les freins qui sont, par-dessus tout, des appareils de sécurité. Il faut s'attacher seulement, notamment au moyen de la visite avant le départ, à réduire, le plus possible, les cas où ces arrêts inopportuns se produisent ; l'expérience prouve que l'on y est parvenu avec le frein Westinghouse d'une façon très-satisfaisante.

La pratique nous a montré que l'automaticité n'a occasionné que de très-faibles inconvénients, qui ne peuvent un instant être mis en balance avec la sécurité donnée sur le fonctionnement de l'ensemble du frein. Nous devons mentionner ici une observation des plus importantes : il n'a pas été relevé d'exemple où le frein n'ait pas agi quand on en a eu besoin, c'est-à-dire, pour employer un terme technique, il n'y a pas eu un *raté*. — Point capital pour un frein continu.

Maintenant, quel est le temps nécessaire au frein Westinghouse pour produire l'arrêt d'un train ?

Les arrêts à produire sont de deux natures : l'arrêt dans le minimum de temps possible en présence d'un signal d'arrêt ou en cas de danger, ou bien l'arrêt ordinaire à une station.

Avec des freins ordinaires qui n'existent que sur

un très-petit nombre de voitures, il se produit naturellement dans le train des compressions et des extensions alternatives des ressorts de choc et de traction ; il en résulte une sorte de *ressac*, très-fort lorsque le train est long et pouvant entraîner des ruptures d'attelages. Cet inconvénient s'est rencontré parfois au début des freins continus, lorsqu'on voulait obtenir un arrêt très-rapide, comme en cas de danger (1). Pour y parer, on a augmenté le diamètre des tuyaux, mis de nouvelles triple-valves plus sensibles que les anciennes ; la transmission du serrage se fait pour ainsi dire instantanément et les inconvénients observés ont presque entièrement disparu.

Quant aux arrêts ordinaires, les arrêts trop brusques dont on s'est plaint au commencement tenaient à l'inexpérience de mécaniciens qui manœuvraient le frein sans précautions (2). Il a suffi, pour remédier aux désagréments signalés, d'apporter de légers changements au mécanisme du frein, et de faire quelques recommandations aux mécaniciens.

En outre, il faut remarquer que, lorsque le frein agit, l'essieu est ralenti plus tôt que la caisse de la voiture : il y a par suite une tendance à faire monter

(1) Au début de l'application des freins continus, quelques voitures n'avaient pas encore la tension initiale de leurs ressorts de choc augmentée.

(2) Quelquefois aussi des groupes composés de voitures munies seulement de tuyaux avaient été mal à propos interposés dans les trains.

le coussinet sur la fusée. On conçoit donc que la caisse, en revenant à sa place au moment de l'arrêt, subisse l'oscillation brusque que l'on a remarquée quelquefois. On évite cette secousse, faible d'ailleurs, en desserrant les sabots lorsqu'il reste encore 2 ou 3 mètres à parcourir.

Moyennant ces simples précautions, les voyageurs n'éprouvent aucune secousse et les arrêts s'obtiennent, en moyenne, aux stations dans les espaces suivants :

100 mètres sur les lignes de banlieue, où les stations étant très-rapprochées, il importe de perdre pour l'arrêt le moins de temps possible, et 200 mètres sur les grandes lignes, pour les trains rapides et express.

En cas d'urgence, on peut obtenir l'arrêt dans des longueurs moitié moindres.

Nous venons de dire que dans les trains longs, on constatait une différence entre le serrage des premiers et des derniers véhicules ; cette différence est seulement de quelques secondes, ainsi que l'établissent des expériences dont le résumé est donné dans le tableau de la page suivante : (1).

On voit donc que l'on peut considérer l'action du frein comme instantanée. Toutefois, la différence légère observée explique les réactions brusques qui se produisaient au début, notamment avec les trains

(1) Ces expériences ont été faites avec les tuyaux de $0^m,025$ de diamètre, qui remplacent les tuyaux primitifs de $0^m,019$.

Nombre de secondes écoulées depuis l'ouverture du robinet par le mécanicien pour divers degrés de serrage et pour les véhicules extrêmes du train.

INDICATION DU DEGRÉ DE SERRAGE.	TRAIN COMPOSÉ DE					
	12 VOITURES.			24 VOITURES.		
Temps pour obtenir sur les sabots une pression égale à la moitié de la pression finale. 1re voiture.	0″,6	»	»	0″,6	»	»
d^{re} voiture.	»	2″,7	»	»	4″,5	»
Différence de tête en queue.	»	»	1″,1	»	»	3″,9
Temps pour obtenir la pression finale. . . . 1re voiture.	1″1 2	»	»	1″1/2	»	»
d^{re} voiture.	»	3″1/2	»	»	5″1/2	»
Différence de tête en queue.	»	»	2″	»	»	4″

longs. Les mécaniciens novices, au lieu d'arrêter franchement en une seule fois, ont une tendance à effectuer plusieurs manœuvres successives, ce qui est mauvais, et allonge inutilement la durée de l'arrêt.

D'après tout ce qui précède, on voit que les arrêts s'obtiennent sur une distance et dans un temps très-courts. Il en résulte que le temps alloué, dans la marche des trains pour les ralentissements, peut être diminué. C'est ainsi que sur la ligne d'Auteuil et de Ceinture on a pu ouvrir au service deux gares nouvelles, sans augmenter le temps du parcours, ce qui eût détruit toute l'économie des correspondances ménagées avec les lignes rencontrées.

En outre, on a donné au mécanicien la possibilité de se lancer à une plus grande vitesse entre les stations, parce qu'il a devant lui un plus grand espace à parcourir avant de songer à se servir du puissant moyen d'arrêt qu'il a entre les mains.

En somme, on constate, d'une façon générale, une bien plus grande régularité de marche qu'auparavant.

Une autre application très-sérieuse du frein Westinghouse est celle de la descente des pentes.

Cette question a dès l'origine préoccupé les ingénieurs.

Le raisonnement montre bien que lorsqu'une dépression partielle est produite dans la conduite générale, la triple-valve *descend*, en laissant une partie de l'air du réservoir auxiliaire dans le cylindre, et il arrive un moment où l'équilibre s'établit en dessus et en dessous du piston de la triple-valve, la tension de l'air continuant à diminuer au-dessus de la triple-valve par l'affluence de l'air du réservoir auxiliaire vers le cylindre, celle-ci remonte doucement et vient intercepter la communication entre le réservoir auxiliaire et le cylindre de serrage. A ce moment, la tension de l'air, dans le réservoir et au-dessus de la triple valve, ne diminue plus, la triple valve reste stationnaire, et l'air qui a été envoyé dans le cylindre de serrage, y reste emprisonné en produisant sur les sabots une pression continue, mais dont le degré d'intensité est en rapport avec la dépression produite dans la conduite générale.

D'après ce qui précède, on conçoit donc qu'en envoyant sur les pistons pour ainsi dire une *bouffée d'air* plus ou moins considérable, on obtient un serrage que l'on règle, que *l'on modère* à volonté. Il restait à voir expérimentalement si le fonctionnement pratique répondait au raisonnement théorique, et si diverses causes, telles que : 1° les fuites d'air, soit par les pistons, soit par la tuyauterie, 2° les frottements de la triple-valve, etc., etc., ne rendaient pas difficile sinon impossible le *serrage modérable.*

C'est dans ce but que la Compagnie des chemins de l'Ouest a fait, en juillet 1879, des expériences sur la rampe de 17^{mm} par mètre de sa ligne de Fécamp, et les résultats de ces essais ont été résumés dans une lettre que nous reproduisons ci-dessous (1) :

« En réponse à votre lettre du 16 juillet dernier, j'ai l'honneur de vous informer que les essais faits sur la ligne de Fécamp avec le frein Westinghouse

______

(1) Lettre adressée, le 13 août 1879, à M. Duchanoy, ingénieur en chef des mines et ingénieur en chef du contrôle, par M. Ernest Mayer, ingénieur en chef du matériel et de la traction de la Compagnie des chemins de fer de l'Ouest.

automatique ont démontré que l'action peut être graduée à volonté, et que cet appareil donne des résultats entièrement satisfaisants dans la descente des trains sur une pente. Ce résultat devrait être d'ailleurs prévu après les expériences faites le 30 avril sur la ligne de Paris à Mantes.

« Les nouveaux essais ont été faits entre les Ifs et Fécamp, sur une pente de 17 à 18^{mm} et sur une longueur de 6 kilomètres.

« La vitesse était la même à la fin de cette descente qu'au commencement. de plus la pression de l'air dans la conduite avait été maintenue constante ; on doit donc considérer que le résultat final de l'expérience eût été exactement le même si on avait opéré sur une rampe de longueur plus grande.

« Voici maintenant quelques détails sur la manière dont on a opéré :

« Un essai préliminaire a eu lieu avec les freins à main, les freins des voitures· étant inopinément serrées de manière qu'on n'eût pas à en faire modifier le serrage pendant la descente; l'appoint nécessaire pour obtenir la régularité de la vitesse étant obtenu par le serrage du frein du tender. La vitesse qui devait être maintenue aussi près que possible de 45 kilomètres à l'heure a varié de 42 à 52 kilomètres (moyenne environ 48 kilomètres à l'heure).

« Dans l'expérience faite avec le frein Westinghouse, le mécanicien, bien que tout à fait nouveau sur la ligne et nullement habitué à ce genre de manœuvre, qu'il n'avait jamais eu à pratiquer sur la banlieue, dès le premier voyage, a maintenu sa vitesse entre 40 et 58 kilomètres avec le même écart qu'à l'essai précédent, et une moyenne qui est exactement de 45 kilomètres à l'heure.

« Dans ces premiers essais, la difficulté ayant paru être, pour le mécanicien, non de graduer l'action du frein, mais de se rendre compte des augmentations ou des diminutions de vitesse, quand elles venaient à se produire, on a fait un deuxième essai, après avoir placé sur le tender un indicateur de vitesse que le mécanicien pouvait consulter ; dans ces nouvelles conditions, il a pu obtenir une vitesse absolument constante, variant à peine de 45 à 47 kilomètres à l'heure.

« Les diagrammes relevés par M. Westinghouse, avec son indicateur de vitesse, permettent de suivre la vitesse du train depuis les Ifs jusqu'à Fécamp, dans chacune des expériences précitées.

« En résumé, il résulte nettement de ces expériences que la manœuvre du frein à air comprimé pour la descente des pentes ne comporte aucune difficulté ; elle consiste, en effet, à tourner de temps en temps le robinet à trois voies, et avec un peu d'habitude de la ligne, le mécanicien arrive facilement à obtenir une vitesse très-régulière, tout en maintenant constante la pression dans la conduite.

« Il résulte de ce qui précède que le mécanicien a réussi à maintenir la pression dans les réservoirs auxiliaires et même que cela lui a été très-facile (1). »

On conçoit que ce ralentissement sur les pentes puisse aussi se faire à l'aide du frein du tender, ou de la contre-vapeur, etc...; mais aucun de ces moyens ne peut procurer la même régularité de descente que le frein à air comprimé, par la raison que nous avons fait entrevoir plus haut, savoir : que le mode d'action du frein Westinghouse étant instantané en pratique, l'effet du serrage ou du desserrage se fait sentir aussitôt que le mécanicien juge utile de produire l'un ou l'autre.

On s'est demandé si l'emploi continu du frein Westinghouse n'amènerait pas une augmentation notable de l'usure des bandages, d'autant plus qu'on avait de tout temps remarqué qu'il y avait plus de ruptures de bandages sous les véhicules à frein que sous les autres. Mais la réponse est facile; en effet, il est difficile d'établir une analogie quelconque entre les anciens freins et les nouveaux. Lorsqu'il n'y a que quelques freins, on doit tendre à produire le maximum de serrage avec chacun, ce qui conduit à caler les roues, lesquelles frottent souvent ainsi pendant un kilomètre et plus et sur un même point de la circonférence. De là, des échauffements partiels, des dilatations inégales, et aussi la formation de plats qui

(1) Cet effet est produit en quelque sorte automatiquement par les manœuvres que le mécanicien est obligé de faire subir à son robinet et par les jeux de la triple-valve qui résultent de ces manœuvres.

occasionnent de nombreux chocs lorsque le frein est desserré. Mais, lorsque tous les véhicules sont munis de freins, il suffit, ainsi qu'il a été dit, de produire un serrage modéré qui ne cale pas les roues : l'échauffement ne se produit pas parce que l'arrêt se fait sur une très-petite longueur, et parce que les points sur lesquels le frottement s'exerce sont incessamment renouvelés.

Il y avait donc lieu de penser, et l'expérience l'a prouvé jusqu'à ce jour, que l'emploi du frein Westinghouse, bien loin de développer l'inconvénient que semblaient présenter les freins ordinaires, tend au contraire à le faire disparaître. En particulier, la Compagnie de l'Ouest n'a eu aucune rupture de bandages, depuis 1878, sous les véhicules munis du frein Westinghouse.

Les traités passés avec l'inventeur réservaient à la Compagnie de l'Ouest la faculté de faire faire, par la société Westinghouse, l'entretien des pièces fournies par elle, aux conditions suivantes :

25 francs par véhicule et par an pour l'ensemble des appareils spéciaux.

Ou bien 2 fr. 50 par véhicule et par an pour les triples-valves seulement.

Si nous sommes bien renseignés, ces prix ont même été récemment abaissés.

Et, maintenant qu'on nous permette de nous féliciter de voir adopter sur tout le réseau français — à peu d'exceptions, un frein uniforme. Indépendamment de la sécurité pour les voyageurs, il y a certains points qu'il ne faut pas négliger, notamment en cas de guerre et de mobilisation, l'uniformité de frein, permettant de faire passer le matériel d'une compagnie sur les voies d'une autre, de mélanger les wagons etc.

Le grand train de Calais à Marseille (Malle des Indes), composé mi-partie de voitures de P. L. M. et du Nord, sera muni du frein Westinghouse.

XXVI. — Le Block-System
et les appareils Leblanc et Loiseau.

Ainsi que je l'ai déjà établi, la catastrophe de Charenton peut être attribuée à quatre causes : inobservation des règlements; infériorité du personnel; manque de fonctionnement des signaux; manque de frein suffisant.

Inobservation du règlement — pour avoir fait stationner un train à des gares où il ne devait pas s'arrêter (1). Et ce n'était pas chose fortuite, car,

(1) Les chefs de gare de Maisons-Alfort et de Charenton seront déclarés responsables et renvoyés devant la juridiction compétente pour négligence dans l'exécution de leur consigne. (Rapport des magistrats chargés de l'Enquête.)

pour leur justification, les chefs de gare ont répondu naïvement que « cela se faisait souvent, sans accident... »

Infériorité du personnel — pour avoir confié à un employé subalterne le maniement du disque (1).

Manque de fonctionnement des signaux, puisqu'il est établi que le disque qui devait *couvrir* la gare n'a pas fonctionné (2).

(1) Le 4 septembre commençait la fête patronale de Charenton. Sur dix-huit employés attachés à la gare, une douzaine y passèrent la nuit et le lendemain, 5 septembre, jour de l'accident, huit se trouvaient en retard ou manquaient à leur service. Il est établi notamment que le jeune homme de dix-huit ans qui gardait le disque du pont ne fait pas partie du personnel régulier de la Compagnie, mais qu'il remplaçait le préposé ordinaire à ce poste (Rapport des magistrats chargés de l'Enquête.)

(2) Le 24 novembre 1881, le tribunal correctionnel de la Seine a été appelé à juger les deux employés de la ligne P.-L.-M., responsables d'un autre accident, celui de Bercy, arrivé le 10 novembre 1880 et que, dans le nombre si grand, j'ai oublié comme bien d'autres de mentionner. Ce jour-là, l'express de Marseille à Paris avait prit en écharpe, à Bercy, un train qui venait de Conflans. La collision fut des plus violentes, mais, par un bonheur providentiel, la machine de l'express, après le premier choc, s'enfonça dans le sol qu'elle laboura profondément, et où elle resta brisée. Sans cette circonstance, plusieurs wagons de voyageurs eussent pu être atteints par elle, défoncés et littéralement broyés.

L'accident est encore trop déplorable : trois voyageurs ont été blessés et un conducteur a été tué.

L'enquête a établi que la responsabilité incombait au sous-chef de gare de Bercy, M. Foucher, et à un aiguilleur

Enfin, manque de freins, puisque le train rapide n'a pu être arrêté.

Je viens de traiter la question du frein. Voyons celle des signaux :

Dans un excellent article publié au *Télégraphe*, mon confrère et ami J. Morin, qui est ancien chef de gare, et par conséquent expert en la matière, donne les explications suivantes :

« Tous nos lecteurs savent qu'un disque est un appareil peint en rouge qui se trouve à environ 700 mètres en avant des gares.

« Le disque est manœuvré de la gare au moyen d'un levier. Le disque et le levier sont réunis par un fil de fer. Le disque est en outre muni d'un commutateur électrique.

nommé Bourbon. Elle a révélé aussi le pitoyable état de la voie : disques fonctionnant peu ou point, horloges en retard : celles de Bercy et de Maison-Alfort marchaient si mal qu'une dépêche partie de Bercy à 4 h. 53, heure de la gare, — arrivait à Maisons-Alfort à 4 h. 52 — heure de la gare — c'est-à-dire une minute *avant* son expédition, ce qui est le comble de la célérité.

L'aiguilleur Bourbon, qui avait fort mal fait son service si important, a été condamné à dix jours de prison ; le sous-chef de gare Foucher, responsable de l'état de la ligne, a été condamné à vingt jours : la Compagnie Paris-Lyon-Méditerranée a été déclarée civilement responsable.

Il importe de faire remarquer qu'à la suite de ce premier accident, la Compagnie se garda bien de renouveler son matériel détérioré, simple précaution qui eût suffi peut-être à rendre impossible, dix mois plus tard, l'affreuse catastrophe de Charenton.

« Quand il occupe une position perpendiculaire à la voie, par conséquent quand il est *à l'arrêt*, le commutateur vient toucher un des éléments de la pile, le courant est établi et on sait à la gare que le disque a obéi au mouvement qu'on lui a imprimé, parce que la sonnerie électrique fonctionne.

« Mais, sous l'influence de la température, le fil de fer s'allonge ou se raccourcit. Il faut donc, plusieurs fois par jour, fréquemment, régler le fil. C'est ce que doit faire l'employé chargé des signaux. Dix minutes avant l'arrivée du train, il lui est prescrit de manœuvrer le disque, de régler le fil, de s'assurer que l'appareil fonctionne bien.

« En cas de dérangement, il doit aussitôt, à la minute, se porter au pas de course au disque et faire les signaux avec un drapeau.

« C'est cette manœuvre qui n'a pas été exécutée par l'employé de la gare de Charenton.

« Il affirme, et des témoins confirment son dire, qu'il a bien fait manœuvrer le disque. Mais il ajoute qu'il a éprouvé une résistance.

« S'il avait vérifié l'état de son appareil avant l'arrivée du train, la catastrophe n'eût pas eu lieu. »

Par malheur, les employés des petites gares, qui ont trente-six fonctions à remplir, n'ont pas le temps de faire ces essais. C'est à peine s'ils peuvent à la hâte faire la manœuvre, pressés qu'ils sont de courir à un autre service.

Pour parer à ces inconvénients, on a inventé des

ignaux mécaniques, mus par les trains eux-mêmes ; de ce nombre est le *Block-system*.

En France, jusqu'à ces derniers temps, le système de l'exploitation, en ce qui concerne la marche des trains, est basé sur cette règle que les trains sont expédiés l'un après l'autre, dans la même direction, après un intervalle de temps qui varie selon les circonstances.

Pour deux trains de même vitesse, cet intervalle est de dix minutes,

On suppose que l'espace parcouru par un train dans ce laps de temps est suffisant pour donner aux agents le temps d'assurer les signaux à l'arrière en cas d'arrêt. Mais il est facile de comprendre combien cette garantie serait illusoire, si elle était la seule. On la complète en répartissant sur la voie des agents qui sont chargés de maintenir un écart suffisant entre les trains. Ce système exige un personnel considérable, et de plus on est forcé d'espacer les trains pour que le personnel ait le temps d'aller faire les signaux pour couvrir un train qui tomberait en détresse.

En France, depuis quelques années et en Angleterre depuis longtemps, on a reconnu les inconvénients de cette méthode, et on a vu qu'il y aurait avantage à remplacer le temps par la distance pour espacer les trains, et à appliquer le *Block-system*, c'est-à-dire la règle par laquelle la voie est divisée en sections d'une longueur calculée suivant l'importance du trafic et sur lesquelles il est interdit de faire circuler simultanément deux trains. Un train n'est autorisé à franchir chaque poste de signaux établi à l'extrémité de chaque section (de là le nom de *Block-System* ou système des sections bloquées), qu'autant que la section est déclarée libre, ce que l'on sait par les signaux échangés de poste à poste.

Cette mesure, on le conçoit, réalise la sécurité la plus absolue. Malheureusement, elle ne peut être appliquée que sur des sections fort rapprochées, telles que sur le *Metropolitan* de Londres, ou la *Ceinture* de Paris. Pour les grandes lignes, où il faudrait des divisions comprenant 4 à 5 kilomètres, c'est par l'électricité que les postes doivent communiquer entre eux.

Il y a donc deux sortes d'appareils : les uns, comme l'appareil Cooke, Clarke, Peecs, Reynier, Tyer, forment le premier groupe, et les signaux donnés par eux ne sont pas solidaires des signaux à vue ; ce qui est un grand inconvénient, car les gardes qui en constatent les indications doivent les répéter aux machinistes, ce qui exige des agents spéciaux à cet effet et augmente les chances d'erreurs.

Le deuxième groupe comprend les électro-sémaphores de Siemens, Halske et Lartigue, qui, au contraire, fournissent des signaux électriques solidaires, des signaux à vue. Ces appareils sont des plus simples en ce sens qu'ils n'exigent pas pour leur manœuvre d'agents spéciaux.

Un autre appareil de Block-System plus complet

et plus pratique encore, à notre avis, est celui qu'ont présenté à l'Exposition d'électricité MM. Leblanc et Loiseau, dont nous avons déjà mentionné le *Protecteur de passage à niveau*, à propos de l'accident de la rue d'Avron. (Voir p. 99.)

Leur Block-System se compose :

1° D'un gros timbre électrique posé à chaque gare pour demander la voie à la gare destinataire : cette dernière répond à la gare de départ par un nombre déterminé de coups du même timbre indiquant qu'elle donne la voie.

2° D'une lanterne, qui, en s'ouvrant, laisse à découvert un vaste tableau rouge, sur lequel on lit : « *Voie bloquée* » ou « *Voie occupée* ». Chaque gare est pourvue d'une de ces lanternes.

Aussitôt que le chef de gare qui a demandé la voie l'a obtenue, il pousse un bouton de sonnerie électrique : la lanterne placée dans sa gare et celle placée dans la gare destinataire s'ouvrent en même temps et laissent voir le tableau rouge dont on vient de parler.

3° Et d'un compteur kilométrique, en forme de cadran, portant autour de sa circonférence le nombre de kilomètres qui existe entre deux gares.

Ce compteur fonctionne chaque fois que le train touche une des pédales qui sont placées de kilomètre en kilomètre. Pendant le passage du train sur la pédale, un roulement de sonnerie électrique se fait entendre dans les deux gares, et aussitôt que son roulement cesse, l'aiguille de chaque compteur se porte sur le chiffre indiquant le kilomètre où se trouve le train.

Tous les signaux composant le Block-System sont posés sur le mur de chaque gare, vis-à-vis du quai de départ.

Avec ces signaux, pas d'erreurs possibles : par conséquent, les accidents causés par des rencontres de trains, comme à Clichy-Levallois et autres, ne pourront plus se produire, attendu que les gares connaîtront la position et la marche des trains.

Il est bon d'ajouter que ces signaux sont très-facilement compris, et qu'il n'est pas besoin de faire de théorie aux employés, tous les appareils parlant d'eux-mêmes à la vue et à l'ouïe. Par un simple coup d'œil, jeté sur le tableau, non-seulement le chef de gare, mais un employé quelconque, un voyageur même, peuvent se rendre compte de la situation.

Ces appareils sont construits de façon à ne jamais se détériorer. Les pédales notamment peuvent fonctionner de 25 à 30 ans, sans subir aucune réparation d'entretien.

Indépendamment des applications dont il vient d'être parlé, ces signaux peuvent encore servir de disques d'arrêt à distance, d'avertisseurs pour les aiguilleurs, etc., etc.

L'avantage du *Block-System* Leblanc et Loiseau, c'est qu'il est absolument indépendant et automatique.

Or, partant de ce principe que — surtout avec le personnel actuel, les erreurs sont fréquentes, que, quelle que soit son attention, le meilleur employé est faillible, — il n'y aura de sécurité réelle que, lorsque le train lui-même fera connaître sa présence à distance et tiendra ainsi en éveil tous ceux qui sont chargés de le contrôler et de le recevoir. Si, au contraire, on continue à s'en rapporter à la main de l'homme, on verra fatalement se renouveler les terribles catastrophes dont nous venons de citer tant d'exemples.

Le devoir du mécanicien, en effet, est « de marcher tant qu'il n'aperçoit pas un signal d'arrêt »; or, une seconde de négligence de la part d'un agent suffit pour causer le plus affreux malheur.

Avec le compteur kilométrique Leblanc et Loiseau, au contraire, cette négligence ne peut même plus se supposer.

Quant au fonctionnement de ces appareils, voici ce que je puis en dire de mieux :

Il résulte du rapport officiel dressé par M. l'Ingénieur en chef de la voie et des bâtiments des Chemins de fer de l'État que le Protecteur de passages à niveau, ayant été surveillé avec le plus grand soin par les Agents de l'Administration durant *quatre mois consécutifs* (c'est-à-dire depuis le jour où a été établie l'installation définitive telle qu'elle devra être faite à l'avenir sur les chemins de fer), *n'a pas raté une seule fois.*

Pendant ces quatre mois, 3,600 trains sont passés

sur la voie, imprimant à l'appareil chacun deux contacts, l'un pour l'ouverture, l'autre pour la fermeture, soit, au total, 7.200 fonctionnements *sans aucun raté*. Il est juste d'ajouter que ce protecteur, posé par les inventeurs, qui habitent Paris, *a été absolument abandonné à lui-même sans réparation ni entretien*.

Le contact électrique est donné à ces appareils par des pédales automatiques.

Depuis la création des voies ferrées, bien des systèmes de pédales automatiques ont été mis à l'essai, tant en France qu'à l'étranger. Pas une n'a pu résister aux chocs foudroyants des trains. La pédale Leblanc et Loiseau, au contraire, n'ayant aucune complication de mécanisme, ne peut offrir matière à résistance au train. Elle est basée uniquement sur la loi naturelle de la pesanteur; partant, elle fonctionne mathématiquement sans pouvoir « rater ».

Les premières pédales de ce système fonctionnent depuis le 15 janvier dernier (1881), c'est-à-dire depuis 255 jours : par conséquent, à raison de 30 trains par jour, elles ont reçu le choc de 7,650 trains; et, après cette épreuve décisive, elles ont absolument le même aspect qu'en sortant des ateliers de construction. Tout le monde d'ailleurs a pu s'en convaincre en visitant celle qui était à l'Exposition d'électricité, et qui arrivait de Tours, où elle avait fonctionné sur le chemin de fer de l'État.

Quoi de plus concluant que ce rapport, surtout

quand on sait combien, par principe, les ingénieurs sont défiants à l'égard de toute invention nouvelle?

Le Protecteur et le Block-System Leblanc et Loiseau sont adoptés sur les chemins de fer de l'État. Désirons qu'ils s'étendent à d'autres lignes.

XXVII. — La catastrophe de Charenton. — Obsèques des victimes.

Mais, pendant que nous nous occupons des appareils de sauvegarde, nous oublions les pauvres morts en litige, presque en consignation, à la gare et n'obtenant qu'avec mille difficultés leur rapatriement au cimetière du pays qui les avait vus partir si gaiement.

Revenons à leurs obsèques. Voici comment elles ont été racontées dans le *Figaro* du 9 septembre, par mon collaborateur L. Nouguès, chargé spécialement d'y assister.

« Au dernier moment, diverses circonstances sont venues modifier les dispositions prises pour les funérailles de celles des victimes qui habitaient la Ferté-Alais.

C'est ainsi qu'en arrivant dans cette localité si éprouvée, nous apprenons que la dépouille mortelle du notaire Clodomir Vincent doit recevoir les honneurs funèbres à la Ferté même, et qu'à l'issue de la cérémonie, le corps doit être reconduit au chemin de fer, pour le train de 3 heures 47, afin de reprendre, à Corbeil, sa destination primitive, c'est-à-dire Bonneval, près Châteaudun.

Par contre, on nous apprend aussi que les restes de M. et Mme Millas n'ont pas été dirigés sur la Ferté, comme on l'avait cru jusqu'à la dernière minute, mais bien dans une famille amie, rue Saint-Denis, 199, à Paris, et que l'inhumation aura lieu, en même temps que la cérémonie de la Ferté-Alais, au cimetière Saint-Ouen.

Sur tout le parcours, mais spécialement à partir de Corbeil, nous avons pu nous rendre facilement compte de l'émotion indicible excitée dans tout le pays entourant la Ferté, par la catastrophe de Charenton. A chaque station affluent les voyageurs à destination de la Ferté-Alais. Tous les visages sont baignés de larmes.

A la station de Corbeil, le train prend la fanfare de cette localité. La riche bannière de cette Société de musique est voilée de crêpe. Tous les sociétaires, au nombre de vingt-neuf, sont en grand deuil.

Personne sur le quai à la station de Ballancourt, précédant la Ferté. C'est qu'en ce moment, la plupart des habitants se préparent à assister, eux aussi, aux obsèques de leur infortuné concitoyen, M. Rouffanot, dont le cadavre a été ramené la veille.

La Ferté-Alais ! Ce cri retentit dès que le train

s'arrête, et un instant après, tout le monde étant débarqué, nous nous rendons compte de l'affluence qui assistera aux obsèques. Outre la fanfare de Corbeil, conduite par son chef, M. Limozin, on remarque les deux Sociétés musicales d'Essonne, fanfare et orphéon. Ces Sociétés, qui ont pour directeurs MM. Mallet et Gentil, sont fort nombreuses.

En même temps qu'elles, débarquent un ingénieur principal de la Compagnie de Paris-Lyon-Méditerranée, délégué pour assister aux obsèques, et une députation d'employés de la traction de cette Compagnie. Le chef de gare de la Ferté se dispose aussi à se joindre au cortége.

Dans la foule des autres arrivants ou assistants, nous remarquons : M. Millard, maire de la Ferté, et M. Bellard, son adjoint ; M. Paul Féau, nouvellement élu député de l'arrondissement ; M. Chanoine, conseiller d'arrondissement ; M. Goupy, conseiller général, qui a accepté la tâche difficile d'organisateur de la cérémonie : M. Tremblay, instituteur, etc., etc.

Mêlés aux vêtements civils, nous voyons aussi de nombreux uniformes. Le village de la Ferté est, depuis le matin, occupé militairement par un escadron, au grand complet de guerre, du 9ᵉ régiment de dragons, ayant à sa tête M. le colonel Jacques.

Cette belle troupe revient des grandes manœuvres du camp d'Avor ; elle est en cantonnement, pour vingt-quatre heures, à la Ferté et, dès son arrivée, M. le olonel Jacques, mis au courant de la situation de la malheureuse commune, a décidé qu'il assisterait, avec tout le corps d'officiers, aux obsèques des victimes.

Nous nous dirigeons vers l'église, qui date du XIIᵉ siècle et est un très-remarquable spécimen du style roman.

Personne encore, sauf le vénérable curé, M. l'abbé Jouvin, absorbé dans ses prières pour les défunts, dont les cercueils remplissent à peu près tout le chœur.

A proximité du maître-autel, rangés sur deux lignes, les cercueils de MM. Vincent et Gauthier. Devant, et tous les trois de front, ceux de Mᵐᵉˢ Saurus et Fabre et de M. Fabre.

Des draperies blanches recouvrent le cercueil du jeune Gauthier; les autres cercueils ont une tenture noire; mais une large croix blanche décore les bières des dames Saurus et Fabre. Sur tous, des monceaux de couronnes et de bouquets.

Voilà que tout à coup, des sanglots déchirants éclatent sous la nef : Mme Godefroy, tante du jeune Gautier, vient d'entrer accompagnée d'une vieille bonne toute dévouée au pauvre jeune défunt, et la douleur des deux femmes, longtemps contenue, éclate à la vue du cercueil.

Pendant ce temps, les assistants se sont groupés et ont pénétré dans l'église, qui ne tarde pas à être absolument comble.

La compagnie des pompiers de la Ferté, en tenue

d'incendie, forme la haie des deux côtés des catafalques. Près d'eux, sont venus se grouper le colonel et les officiers du 9e dragons, ainsi que les membres et les porte-bannières des Sociétés musicales dont nous avons parlé.

Dans son cadre de deuil, sur lequel ressortent, malgré les crêpes, les vives couleurs des bannières, ainsi que les cuivres et les ors des uniformes et l'acier des armes, cette scène est absolument saisissante.

Après la messe et l'absoute qui durent plus d'une heure, le long cortége se reforme à la porte de la vieille église, au centre d'un paysage admirable, qu'à ce moment et pour peu de minutes, le soleil vient dorer de ses rayons.

Portés à bras par les jeunes gens de la commune, les quatre cercueils qui doivent être inhumés s'avancent solennellement dans les rues tortueuses du village, au son mélancolique du chant des morts. A chaque pas, des sanglots difficilement étouffés se font entendre. Le spectacle, en ce moment, revêt une grandeur à la fois simple et dramatique, dont rien ne saurait donner l'idée.

A mi-côte d'une route adorablement verdoyante, sur la gauche et au-dessus de la ligne ferrée, s'ouvre le cimetière de la Ferté. Ce lieu de repos est tellement agreste que nous nous surprenons à porter envie à ses paisibles hôtes.

La foule recueillie envahit cette retraite aux vigoureuses frondaisons, dans lesquelles les pierres tombales sont presque noyées, et la cérémonie suprême s'accomplit. Un à un, les cercueils disparaissent dans la terre fraîchement remuée, et après deux discours émus prononcés l'un par M. Féau, au nom de M. Millard maire, l'autre par M. Goupy, l'assistance se retire en proie à une émotion profonde... »

Les morts enterrés, l'enquête terminée, quinze jours passés par là-dessus, et c'est fini.

On n'y pense plus... jusqu'à un nouvel accident.

Par malheur, ce nouvel accident ne se fait pas longtemps attendre : deux semaines à peine...

XXVIII. — L'accident de Dôle.

Le mois de septembre 1881 était décidément le mois fatal à la Compagnie de Lyon... ou plutôt à ses voyageurs.

Le 19, quinze jours après l'accident de Charenton, une nouvelle rencontre de trains avait lieu à une bifurcation à 2 kilomètres de la gare de Dôle, et le train express n° 192, venant de Belfort, se jetait sur le train 291, arrivant de Chalon-sur-Saône.

La rencontre a été terrible. Les deux locomotives se sont littéralement emboîtées, entrant l'une dans l'autre au moins d'un mètre et sans dérailler. Les deux fourgons ont été défoncés, les toitures soulevées par les tenders ; les attelages du train n° 201, venant de Chalon, sont rompus au dernier wagon.

Les autres n'ont pas été trop maltraités.

L'autre train a été plus abîmé. Presque tous les tampons et les attelages sont brisés. Le wagon de la poste a surtout beaucoup souffert, et les employés qui l'occupaient sont grièvement blessés. Le chef du bureau a été relevé sans connaissance, il est blessé à la tête et à la jambe. Un employé a eu l'os frontal fendu effroyablement au-dessus de l'œil, la plaie béante était horrible à voir ; ses deux collègues, moins grièvement atteints, ressentent cependant de vives douleurs internes.

Tous les voyageurs, tous les employés valides ont sauté sur la voie immédiatement après l'accident, afin de porter secours aux blessés.

Le spectacle était effrayant. Les locomotives, les tenders, les fourgons formaient un amoncellement de débris qui s'élevait à la hauteur d'un deuxième étage.

Un témoin oculaire nous a raconté qu'il allumait à chaque instant des allumettes afin d'éclairer un capitaine d'artillerie, qui, quoique blessé à la jambe, retirait de dessous les débris les mécaniciens et les chauffeurs des deux machines, tous gravement blessés.

Une machine envoyée de Dôle a remorqué la queue du train, où l'on a placé les blessés et les voyageurs.

Trente personnes ont été blessées, dont deux ont été emportées dans un état presque désespéré. Dix-huit personnes, qui n'avaient que des contusions, ont pu continuer leur route. Les autres ont été transportées à l'hôpital.

Quelques secondes plus tard, l'express aurait pris en écharpe le train de voyageurs qui était, paraît-il, bondé de monde. C'eût été encore plus épouvantable, si c'est possible, que la catastrophe de Charenton.

Le même jour, sur les chemins de fer de l'État, le train de Saintes à Coutras déraillait avant Guitres ; un détachement du 137e de ligne se trouvait dans le train.

Il y eut une quarantaine de blessés, parmi lesquels vingt militaires.

Je ne parle pas de l'accident peu grave de Haulme-la-Roche. Il n'y a eu que deux employés contusionnés.

Je préfère passer tout de suite à la collision terrible de Pontoise.

XXIX. L'accident de Pontoise.

La Compagnie des chemins de fer de l'Ouest fait partir chaque matin, à 6 h. 10, de la gare Saint-Lazare, un train, n° 143, qui passe par Asnières, Bois-Colombes, Argenteuil, Sannois, Franconville et Herblay, en empruntant la voie du Nord. Ce train, après avoir ramassé tous les voyageurs de banlieue de la région de droite, ainsi que ceux qui viennent de la gare du Nord et qu'il prend à Franconville, arrive à Pontoise à 7 h. 16.

A 6 h. 20, c'est-à-dire dix minutes plus tard, — limite réglementaire, part de la même gare Saint-Lazare, le train n° 103, qui, après avoir suivi la même voie jusqu'à Asnières, continue par Houilles, Maisons, Achères, Conflans-Andrésy, Eragny, suivant toujours la voie de l'Ouest, et ramassant les voyageurs de banlieue de la région de gauche. Ce train arrive à Pontoise à 7 h. 20.

Là, il prend les voyageurs arrivés quatre minutes auparavant par le 143, et il repart, à 7 h. 23, vers Dieppe.

Comme il n'y a qu'une seule voie descendante, sur le pont qui traverse l'Oise à l'entrée de la gare de Pontoise, les deux trains 143 et 103, débouchant par deux lignes différentes, doivent passer ce pont, sur les mêmes rails, l'un après l'autre, à quatre minutes d'intervalle. Un disque avancé placé sur chacune des deux lignes Nord et Ouest, un peu avant la bifurcation, et commandant l'entrée du pont, indique au train qui arrive, si la voie est libre ou non.

Or, le 7 octobre 1881, le train 143, se trouvant en retard de quatre minutes, se présentait pour passer juste en même temps que l'autre, et, le prenant en écharpe, il culbutait toutes les voitures de queue.

Le choc fut épouvantable : deux wagons de troisième classe et un de seconde, furent défoncés et broyés sur le coup ; un wagon de première classe, placé au milieu du train, fut endommagé ; les deux trains, se mélangeant et s'écrasant l'un l'autre, allèrent arracher la pierre de taille du parapet qui s'élève à l'entrée du pont ; le wagon de bagages placé à l'arrière du train dérailla, sans être endommagé, et le conducteur qui avait pu voir, de sa guérite, pour ainsi dire, *arriver* l'accident, put sauter sur le talus, sans se blesser.

Il n'en fut pas de même des malheureux voyageurs de l'un des wagons de troisième classe ; c'étaient, en partie, des réservistes, qui revenaient de faire leurs vingt-huit jours, et qui regagnaient leurs foyers ; quelques-uns sautèrent par une portière qui s'était ouverte ; mais tous les voyageurs du wagon n'eurent pas la même chance.

Deux furent tués sur le coup, c'étaient : 1° un inconnu, âgé de 45 à 50 ans, allant aux Bordeaux de Saint-Clair. Il était porteur de deux titres de rente, dont un de 15 fr. au nom de Cabot, un autre de 500 au nom de Trouard (Etienne-Romain) ; on trouva également sur lui une lettre adressée à ce dernier nom, et une ordonnance datée du 6 août, du docteur Cramoisy, 35, rue Meslay.

On sut, par la suite, que le nom de Trouard était celui du défunt.

2° M. Emile Guirault, né le 24 janvier 1855, à Civy (Nièvre), garçon boucher chez M. Martin, 1, rue du Dragon, à Paris. Il était porteur d'un billet aller et retour, pour Gournay-Ferrières. Il allait là voir son enfant, âgé de deux mois, et lui portait une petite layette.

Les blessés étaient, entre autres :

M. Sauvin (Paul-Henri), âgé de 26 ans, caissier de M. Deherpe, notaire à Colombes (Seine); jambe droite cassée.

M. Lecomte (Louis-François), mécanicien à Paris, (Batignolles), appartenant au service de l'Ouest, et se rendant à Gournay, pour remplacer un camarade.

M. Burnier (Frédéric), âgé de 25 ans, épicier (sujet suisse) demeurant à Paris, 28, rue Godot-de-Mauroi ; — cuisse droite cassée, contusions diverses. M. Burnier allait à Dieppe à une noce où il devait être garçon d'honneur !

M. Croisy (Henri), soldat libéré de la classe 1876, de Magny (Seine-et-Oise) ; contusions aux jambes.

Les corps des deux victimes, et les blessés que je viens de nommer, furent transportés à l'Hôtel-Dieu ; les autres blessés purent regagner leurs domiciles respectifs, leurs contusions étant relativement légères.

A cette heure matinale, les voyageurs sont heureusement peu nombreux ; si l'événement eût eu lieu à 5 h. 40 du soir, où la marche des trains est la même, l'accident eût causé d'innombrables victimes.

Une foule considérable était accourue. En première ligne, M. le curé de Pontoise et son clergé prodiguaient les secours. Bientôt le parquet vint procéder à une enquête.

La cause de l'accident était évidemment le retard du n° 143. Mais comment ce train avait-il trouvé la voie libre, puisque l'autre n'était pas encore passé?

On disait que l'erreur provenait d'un vieillard, employé comme graisseur et qui, par mégarde, inconsciemment, avait fait tourner le disque qui défendait l'entrée du pont.

Pendant quatre heures, le juge d'instruction, le sous-préfet, le maire, le commissaire de police, le capitaine de gendarmerie, auxquels s'étaient joints les hauts employés des Compagnies du Nord et de l'Ouest, procédèrent à des expériences.

On constata que tout était en ordre, que les signaux fonctionnaient parfaitement bien. Il fut prouvé que l'employé, chargé de la manœuvre, l'avait exécutée...

Quant au vieux graisseur, qui, disait-on, avait, par mégarde, fait tourner le disque, le brave homme jura ses grands dieux qu'il n'y avait pas touché...

Et pourtant ce disque avait tourné et marqué voie libre....

Il fut donc impossible d'arriver à établir *la cause vraie* de l'accident.

Cependant, pour être juste, il faut déclarer qu'on n'eut pas ici, comme à Charenton, à relever une négligence évidente. Aucune faute n'avait été commise. Il est certain que M. Greminy, le chef de gare, était à son poste au moment de l'accident, qui a eu lieu *en dehors de sa gare*, sur le territoire de Saint-Ouenl'Aumône, et qu'il ne pouvait, en tout cas, ni deviner ni voir qu'à 500 mètres de là, une cause inconnue allait déranger inconsciemment le disque juste au moment où le train arrivait.

Le seul reproche qu'on puisse faire, c'est que, pour qui connaît la disposition et l'organisation des services de la gare de Pontoise, il est évident que si les Compagnies de l'Ouest et du Nord s'entendaient pour mieux régler les heures des trains, les chances d'accidents deviendraient beaucoup moins grandes.

Au lieu de cela, la gare de Pontoise reste, par exemple, privée de trains l'après-midi, pendant deux grandes heures, puis il en part *trois* dans l'espace de vingt minutes.

Mais ce n'est là qu'une disposition fâcheuse et non incriminable.

Il est certain aussi que le pont de Pontoise, sur lequel passent un nombre énorme de trains à des distances très-rapprochées, devrait être élargi et avoir une double paire de voies (deux montantes et deux descendantes).

Enfin, il faudrait que le service des disques avertisseurs fût réglé, de façon que, même en admettant une erreur, comme dans le cas qui nous occupe, un accident ne puisse pas se produire.

Il y a pour cela un moyen. C'est l'appareil avec disques et aiguilles dépendant l'un de l'autre, système Max Judel (de Brunswick).

XXX, — Les appareils de sûreté Max Judel de Brunswick.

Avec les appareils d'aiguillage actuels, l'aiguilleur est obligé d'exécuter deux mouvements consécutifs : il doit, en premier lieu, exercer une pression convenable sur la manette du levier de l'aiguille pour opérer son changement de voie ; puis, s'il veut assurer la nouvelle position de l'aiguille contre le retour de cet organe sur lui-même par l'effet du contre-poids de l'aiguille, il lui faut imprimer, par un mouvement circulaire, un changement de direction à la manette de ce contre-poids ; or, comme les manœuvres d'aiguilles et de signaux exigent en général beaucoup de rapidité d'exécution, il arrive souvent que l'aiguilleur, après avoir effectué le premier mouvement de son changement de voie, oublie dans sa précipitation d'exécuter le deuxième temps de l'opération, ou ne l'exécute qu'incomplétement, ce qui est plus dangereux encore, laissant alors le contre-poids à moitié chemin de sa course, et par suite son aiguille à demi-faite.

Or, comme tout train qui arrive devant un embranchement est obligé de prendre la voie que la main de l'aiguilleur laisse ouverte devant lui, il peut s'ensuivre une collision si cette voie est occupée par un autre train, ou un déraillement si l'aiguille est mal faite et que l'aiguilleur ne soit pas à son poste pour rectifier l'erreur ou maintenir l'aiguille en position, au moment où le train se présente pour la prendre en pointe.

C'est ce danger, inhérent à toute manœuvre faite par la main d'un homme et surtout d'un employé infime, comme ceux auxquels on confie quelquefois ce service si important, que l'on peut éviter avec les appareils de la maison Max Judel.

Le système sur lequel sont basés ces appareils est des plus simples et peut se résumer en deux principes :

1° Combiner les signaux optiques avec les aiguilles et les construire dépendants l'un de l'autre, de façon qu'aucun train ne puisse franchir la limite d'une gare, sans que le télégraphe optique ne dise au mécanicien si la voie est libre. 2° Centraliser toutes les aiguilles dans une tour centrale, d'où l'aiguilleur produit simultanément les signaux optiques et le fonctionnement de ses aiguilles.

Ainsi, supposons qu'on place devant les aiguilles de croisement, à des distances convenables pour être vus en temps opportun par les trains en marche vers l'embranchement, deux disques spéciaux D et d, correspondant aux deux voies collatérales V et v de la bifurcation ; ces disques, solidement reliés entre eux et avec l'aiguille X dont ils sont solidaires, sont disposés de telle sorte que, quand la voie V est ouverte et la voie v fermée, le disque D est effacé et le disque d à l'arrêt ; et réciproquement, quand la voie V est fermée et la voie v ouverte, c'est le disque D qui est à l'arrêt et le disque d effacé.

Grâce à cette disposition, tout train en marche vers un embranchement n'a désormais qu'à consulter la position des disques, pour savoir d'une manière exacte et précise quelle est la voie ouverte devant lui, et s'il peut s'y engager en toute sécurité ; de sorte que si, par la faute d'un aiguilleur, par un accident imprévu, un acte de malveillance ou toute autre cause fortuite, l'aiguille était mal faite, le mécanicien en serait averti, assez à temps, pour conjurer tout accident, en voyant la position anormale des disques qui se laisseraient voir tous deux en même temps, dans une position oblique, alors que normalement, c'est-à-dire quand l'aiguille est bien faite, que les pointes de l'aiguille sont bien appuyées aux rails, un seul disque (celui de la voie fermée) doit être visible et bien franchement à l'arrêt, le second disque (celui de la voie ouverte) devant être complétement effacé.

De plus, comme, plus le nombre des employés pour faire une manœuvre multiple est grand, plus les chances d'erreur sont nombreuses, au lieu d'avoir dans une gare importante plusieurs aiguilleurs allant, chacun de son côté, exécuter leur manœuvre sur des aiguilles, laissées à la disposition du premier venu, on centralise toutes les aiguilles sous la même main, celle d'un employé sérieux, bien payé, en remplaçant à lui seul plusieurs autres, et qui peut être contrôlé au besoin par un compagnon qui l'aide à éviter complétement toute erreur.

Voici du reste comment, dans leur brochure (1), MM. Max Jüdel et Cie expliquent leur système. Je traduis de mon mieux la rédaction allemande :

« La centralisation des signaux et des aiguilles a pour but d'assurer la sécurité des trains aux croisements, embranchements et entrées de gares compliquées ; les aiguilles et signaux sont disposés de telle façon, les uns par rapport aux autres, que :

1° Deux disques, ou signaux correspondants, ne peuvent indiquer ensemble *voie libre* ou *voie fermée.*

2° Un signal ne peut être placé sur *voie libre* sans qu'en même temps la voie d'évitement correspondante n'ait été établie exactement, et que toutes les aiguilles qui conduisent à cette voie d'évitement ne soient régulièrement placées de telle sorte qu'aucun train n'y puisse pénétrer.

3° Par la simple position d'un signal sur *voie libre* ou *voie fermée*, toutes les aiguilles qui correspondent à cette voie sont placées dans leur position régulière. Si le signal est à *voie libre*, toutes les aiguilles ouvrent la voie sur laquelle il est et ferment

____

(1) Die Centrale Signal und Weichenstellung, mit Beschreibung des Hebel-apparates. System : Rüppel. Patent Büssing. — Max Judel und Co, in Braunschweig. 1877.

l'autre, s'il dit *voie fermée* toutes les aiguilles ferment sa voie et ouvrent la voie voisine...

L'instrument principal de la centralisation des signaux et des aiguilles consiste dans l'appareil à leviers (hebel-apparat), qui sert à diriger, d'un même point, le mouvement des aiguilles et des signaux, et dans lequel les leviers moteurs sont reliés entre eux de telle façon que l'infaillibilité de leur mouvement et, par suite, le mouvement des aiguilles et des signaux, offrent les conditions de sécurité requises.

Toutes les aiguilles et tous les signaux ne peuvent être mus que par l'appareil du point central.

Dans ce qui suit, nous allons décrire principalement la partie de l'appareil à leviers par laquelle sont déterminés les mouvements des leviers entre eux. Le mécanisme de fermeture de cette partie doit remplir les conditions suivantes :

1° Au repos (c'est-à-dire dans leur position normale), tous les leviers devront être librement mobiles.

2° Le repos aussi bien que le déplacement d'un levier à excentrique doit permettre de fermer un nombre quelconque de leviers à signaux dans leur position de repos.

3° Le déplacement d'un levier à signaux doit permettre de fermer un nombre quelconque de leviers à excentrique, tant au repos qu'au déplacement.

4° Le mouvement d'un levier à signaux doit permettre de fermer un autre levier à signaux.

Les conditions n° 2 et n° 3 permettent, dans la

plupart des cas, toutes les combinaisons nécessaires entre les signaux, tandis que le n° 4 n'est appliqué que dans des cas exceptionnels.

La construction du mécanisme de fermeture est établie d'après les principes suivants :

1° Les leviers à signaux ferment les leviers à excentrique directement dans les deux positions, à cet effet :

(*a*) Chaque levier à excentrique reçoit une pièce de fermeture inaltérable (immuable).

(*b*) Pour chaque combinaison de fermeture, il est inséré un élément qui entre en contact avec la pièce de fermeture des leviers à excentrique.

(*c*) Ces éléments sont mus exclusivement par les leviers à signaux ; à cet effet : chaque levier à signaux est muni d'un mécanisme de mouvement correspondant qui permet l'insertion d'un nombre quelconque d'éléments.

2° Les leviers à excentrique ferment indirectement les leviers à signaux, car la pièce de fermeture des premiers empêche le mouvement des mécanismes de fermeture au moyen des éléments indiqués au n° 1°-*b*.

3° L'effet de la fermeture sur le levier à excentrique est placé dans une pièce de construction telle que le gardien peut agir sur la fermeture sans effort, et le jeu de la fermeture est absolument inélastique, de sorte qu'on n'a jamais de doute sur l'exactitude du mouvement d'un levier. L'usure des mécanismes de fermeture n'a aucune influence sur la sûreté de la fermeture du levier.

4° Il est tenu compte de la facilité de remplacer toute partie éventuellement détériorée, et surtout de la faculté de modifier les combinaisons de fermeture par l'addition d'autres éléments, sans interrompre le service.

« Ces nouveaux appareils que nous construisons sous la dénomination de *Système Ruppel; Brevet H. Bussing*, ont sur tous les autres appareils construits par nous dans le temps, ainsi que sur tous les systèmes anglais, les avantages extrêmement précieux suivants :

1° La fermeture du levier à excentrique est absolument inélastique.

2° L'usure qui se produit à la suite du temps dans les parties où a lieu le frottement n'a aucune influence sur la régularité du fonctionnement du mécanisme de la fermeture.

3° Il est tenu compte du remplacement facile des parties éventuellement détériorées.

4° L'appareil est construit de telle façon que la partie qui comprend le mécanisme de la fermeture proprement dite, c'est-à-dire la boîte à tiroir, fait saillie librement derrière l'appareil, ce qui permet de la visiter, de la nettoyer commodément et surtout d'apporter de légères modifications aux éléments de fermeture.

5° La construction des éléments de fermeture de cet appareil permet en elle-même, *sans aucun trouble dans le service*, de modifier des fermetures séparées ou toutes ensemble, ce qui parfois peut être nécessaire par suite de la modification d'une partie de la gare.

6° Cette faculté de substitution ou d'addition des éléments de fermeture n'implique que des pertes de temps et d'argent insignifiantes, de sorte que l'emploi de cette construction se recommande pour les gares dites provisoires, qui ne servent que pendant un certain temps, pendant la reconstruction de la gare principale, et dans lesquelles se produisent le plus fréquemment les accidents. »

Les appareils Max Judel fonctionnent parfaitement à une distance de 500 mètres, et on est déjà arrivé à réunir dans un appareil central 52 aiguilles placées sur différents points à l'entrée et à la sortie d'une gare, sur des bifurcations, des voies de garage et d'évitement, etc., et que la même personne fait fonctioniner avec une parfaite certitude.

Toute personne, un peu au courant des manœuvres et des difficultés d'une gare, comprendra qu'il y a là une heureuse innovation qui décharge d'une énorme responsabilité et l'aiguilleur craintif, timoré, souvent peu instruit et peu intelligent, toujours surchargé de besogne et succombant à la fatigue, susceptible par conséquent de se tromper à chaque instant, pour donner cette responsabilité à un appareil, fonctionnant automatiquement et dont le fonctionnement se contrôle de lui-même par la dépendance des aiguilles et des signaux.

Je ne crois pas pouvoir mieux terminer cet article qu'en donnant ici la carte de la maison Max Judel.

MAX JUDEL & Cie, à Brunsvick.

Le plus grand établissement d'Allemagne pour la construction des appareils pour la sûreté de l'exploitation des chemins de fer. — Fondée en 1871.

Constructions complètes pour des directions centrales d'aiguilles et de signaux.

Directions centrales d'aiguilles par des tuyaux à gaz, et par des doubles câbles de transmission.

Appareils simples de manœuvre, à 2 signaux et une aiguille, pour la fermeture entre les leviers de manœuvre.

Leviers simples pour un o deux signaux placés près des aiguilles, avec cadenassement d'aiguille.

Leviers simples de manœuvre, pour un ou deux signaux avec cadenassement d'aiguille à un seul câble et à double effet

Appareils compensateurs pour rails d'aiguille (D. P. P. 8700) placés à la queue avec cadenassement d'aiguille.

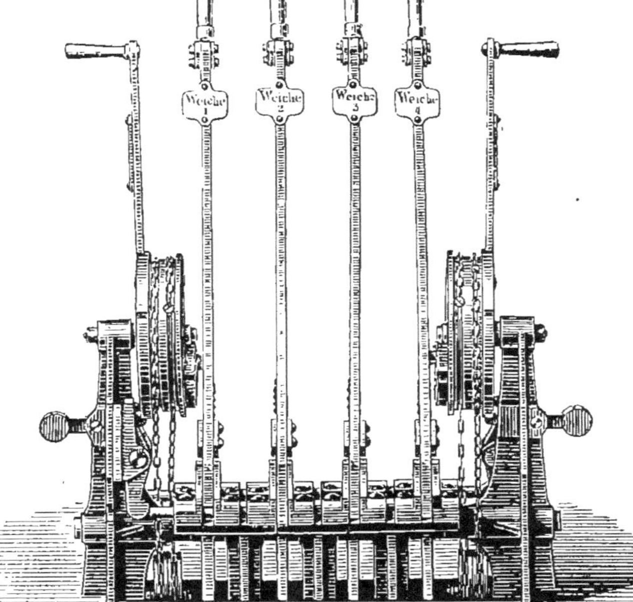

Cadenassements d'aiguille (brevetés) inventés par Claus.

Appareils de manœuvre, pour aiguilles anglaises, avec signaux de précision.

Disques d'excentriques.

Tringles de connexion élastiques. — Vis de pression pour le dressage des rails.

Signaux optiques. — Disques.

Signaux avancés avec compensations, pour simples câbles de transmission.

Signaux avancés pour doubles câbles de transmission.

Barrières et barrières à distance, de constructions variées.

Poulies de régulateur. — Poulies universelles à cales. — Poulies angulaires.

Des dessins et des descriptions des objets qui sont fabriqués par l'établissement seront à la disposition de chaque personne qui en fera la demande.

XXX. — La situation actuelle.

Il est intéressant, n'est-ce pas, quelque aridité qu'offre cette lecture, de connaître l'état du matériel des grandes Compagnies de France à la fin de la présente année 1881.

Le voici, expliqué par une circulaire ministérielle :

1. — FREINS CONTINUS.

L'attention des Compagnies s'est particulièrement portée sur la question des freins continus, qui intéresse au plus haut point la sécurité de l'exploitation.

La Compagnie du Nord possède en ce moment 859 machines et 988 voitures ou fourgons munis de freins continus (système Smith, à vide). Le nombre de voitures à freins en construction et à recevoir d'ici à quelques mois est de 900.

La Compagnie de l'Ouest, qui, la première, a fait l'application des freins continus, a donné la préférence aux freins à air comprimé (système Westinghouse). Elle en a muni 150 machines et 1,876 voitures. Ce nombre s'élèvera très-prochainement à 230 pour les machines et à 1,980 pour les voitures. Avant deux ans, tout son matériel à voyageurs, soit 620 machines et 3,720 véhicules, seront munis du frein Westinghouse.

La Compagnie de la Méditerranée a fait des essais pratiques pour se rendre compte simultanément des avantages et des inconvénients respectifs des freins Westinghouse et Smith, et elle a choisi le Westinghouse, perfectionné par les ingénieurs de son service : elle a décidé l'application de ce frein à tout son matériel à voyageurs et fait ses commandes.

A la fin de l'année 1881, elle aura construit dans ses ateliers et mis en service des freins continus sur le train rapide circulant entre Paris et Nice. Elle se prépare à poursuivre, d'une manière continue, l'application des freins à tous ses autres trains rapides et y consacrera les crédits nécessaires.

La Compagnie du Midi a adopté également le frein Westinghouse ; elle a monté ce frein sur quatre trains dont la composition représente 25 machines et 61 wagons ou fourgons (train rapide de Bordeaux à Cette et train express de Narbonne à Cerbère. Il lui reste à le monter sur 14 trains comprenant 45 machines et 283 voitures.

Elle annonce qu'avant la fin de l'année courante elle aura appliqué le même système de freins au double train express de Bordeaux à Bayonne.

La Compagnie de l'Est a expérimenté jusqu'ici le frein électrique Achard. Ces essais, quoique satisfaisants, ne lui ont pas paru suffisamment concluants, et, tout en continuant ses expériences, elle a décidé l'application du frein Westinghouse à tous ses trains poste et express, comprenant 80 machines et 400 voitures : elle annonce que ces trains auront été mis en service dans le délai prescrit par la circulaire du 13 septembre 1880.

La Compagnie d'Orléans, en présence des essais faits par les autres Compagnies sur les freins Westinghouse, Smith et Achard, a jugé utile d'expérimenter le frein Heberlin et un nouveau frein à chaîne du système Wenger, en se réservant, pour l'application définitive, de profiter des renseignements fournis par les essais des autres Compagnies, elle est amenée à limiter son choix entre le frein Westinghouse et le frein Smith.

L'Administration des chemins de fer de l'État expérimente le frein électrique Achard; elle compte en outre appliquer soit le frein Smith, soit le frein Westinghouse, à 10 machines et 200 voitures et a inscrit à son budget les crédits nécessaires. Elle tiendra compte, pour son choix définitif, des dispositions adoptées sur les réseaux voisins avec lesquels elle a de fréquents échanges de matériel à prévoir.

II. — BLOCK-SYSTEM.

Toutes les Compagnies ont présenté leurs propositions pour l'installation du Block-System. Sur le réseau du Nord, les sections les plus chargées de trafic ont été pourvues de l'appareil Lartigue, et en installations, soit effectives, soit en cours d'exécution, ce réseau présente actuellement 556 kilomètres de cantonnements.

La Compagnie de l'Ouest a réalisé le block-system sur 200 kilomètres de son réseau, en appliquant l'appareil Regnault, dont elle se dispose à enclancher les boutons avec les signaux visuels des disques avancés.

Sur le réseau de la Compagnie de la Méditerranée, le Block-System fonctionne sur une étendue de parcours de 1,871 kilomètres, au moyen de l'appareil Tyer, qui va être perfectionné par son embranchement avec les signaux visuels de ses sémaphores et de ses disques à distance. La Compagnie poursuit activement le développement de ce système.

La Compagnie d'Orléans a pris ses dispositions pour étendre jusqu'à Orléans, avant la fin de l'année courante, le Block-System Lartigue, qui ne s'applique en ce moment, qu'à la section, très-chargée, de Paris à Brétigny ; elle a, en outre, fait approuver des projets d'installation de ce système sur tous les troncs communs visés dans la circulaire du 13 septembre 1880 (Orléans - Vierzon, Orléans-Gien, Brive - Nexon, Brive-Périgueux, Bourges-Ponvert, Poitiers-Saint-Benoît, Poitiers-Saint-Sulpice Laurière, Capdenac, Figeac, etc). Les appareils sont commandés, et l'on peut compter sur leur installation pour la fin de l'année courante.

Sur le réseau de l'Est, le Block-System (Tyer ou Lartigue) est appliqué sur diverses sections représentant un total de 156 kilomètres. La Compagnie a d'ailleurs pris les dispositions nécessaires pour appliquer ce système, en entier en appareils Lartigue, sur d'autres parcours représentant près de 400 kilomètres et, notamment, sur la ligne de Chaumont à Belfort.

La Compagnie du Midi, qui n'a qu'un très-petit nombre de sections sur lesquels le Block-System soit exigible, en vertu de la circulaire du 13 septembre 1880, s'est mise en mesure de l'installer dans les délais prescrits avec les appareils Tyer convenablement perfectionnés.

Enfin, l'Administration des chemins de fer de l'État va appliquer d'une manière générale le Block-System sur son réseau.

III. — CLOCHES ÉLECTRIQUES.

L'état d'avancement de l'application des cloches électriques sur les sections de lignes à voie unique déterminées par la circulaire ministérielle du 13 septembre 1880 présente, en ce moment, de notables différences sur les divers réseaux.

La Compagnie du Nord les a appliquées sur toutes ses lignes à voie unique sans exception.

La **Compagnie** de la Méditerranée continue l'application du système Léopolder. Les appareils sont en service sur un total de 878 kilomètres. Leur installation se poursuit sur 349 kilomètres.

La Compagnie de l'Ouest fait l'essai d'un système particulier de sonneries sur la section à voie unique de Pont-l'Évêque à Lisieux, d'une longueur de 14 kilomètres. Elle expérimente en outre le système du bâton sur les lignes à faible fréquentation, où les trains s'arrêtent à toutes les stations.

La Compagnie d'Orléans, qui avait à poser les cloches électriques sur 1,015 kilomètres de son réseau, a commandé 713 appareils à cloches.

D'ici à trois mois, le service fonctionnera sur la la section de Lexos à Toulouse, et, dans les trois mois suivants, sur les autres parties du réseau où l'importance du trafic l'a fait prescrire.

Les Compagnies du Midi et de l'Est avaient différé l'installation des cloches sur les sections de leurs réseaux qui devaient en être munies aux termes de la circulaire du 13 septembre 1880. Mais ces installations vont être commencées, et elles pourront être terminées avant six mois.

L'Administration des chemins de fer de l'État va faire l'application immédiate des cloches électriques sur celles de ses lignes où elle est exigible et les étendre à une longueur de 673 kilomètres.

IV. — APPAREILS D'ENCLANCHEMENT.

Sur la plupart des réseaux, l'emploi des appareils d'enclanchement se généralise et se développe rapidement.

Sur le réseau du Nord, toutes les bifurcations simples sont munies d'appareils d'enclanchement. En outre, aux bifurcations et dans les gares les plus importantes, il a été établi, depuis un an, 16 postes Saxby présentant un total de 240 leviers.

19 nouveaux postes sont en installation.

Sur le réseau de l'Ouest, toutes les bifurcations en pleine voie ont leurs aiguilles et leurs signaux enclanchés.

Le réseau de la Méditerranée présente 18 postes d'enclanchement de bifurcations principales en service et 25 en montage ; 57 sont à l'étude. Quant aux aiguilles isolées, engageant les voies principales, on compte actuellement 30 postes d'enclanchement en service et 76 en montage ; 250 nouveaux postes sont commandés et seront prochainement installés.

Sur le réseau d'Orléans, la Compagnie établit des appareils Viguier à la gare importante de Brétigny ; elle en a commandé du même type pour la gare d'Orléans et celle des Aubrais.

Sur le réseau du Midi, toutes les bifurcations en pleine voie sont enclanchées. Les appareils d'enclanchement des aiguilles des sablières sont construits et vont être montés prochainement. Les enclanchements des aiguilles de sortie des gares principales sont installés dans douze de ces gares.

Sur le réseau de l'Est, 14 postes Saxby sont en service et vont être incessamment montés, et 18 autres sont en construction. 66 postes d'appareils

Viguier sont installés, en construction ou à l'étude, tant aux bifurcations militaires qu'aux raccordements particuliers, ballastières et garages divers.

V. — APPAREILS AVERTISSEURS OU PROTECTEURS AUX PASSAGES A NIVEAU.

Sur le réseau du Nord, tous les passages à niveau des sections à voie unique **sont** avertis de l'arrivée des trains au moyen de cloches électriques ; sur les lignes à double voie, quelques appareils avertisseurs spéciaux sont en expérience.

Sur le réseau de l'Ouest, 95 passages à niveau sont protégés, soit par des disques **à distance** manœuvrés par les gardes-barrières, soit par des appareils Regnault, avec sonneries, mis en mouvement des stations les plus voisines.

Sur le réseau d'Orléans, 38 passages à niveau sont munis de signaux et 14 autres vont l'être prochainement.

Sur le réseau de la Méditerranée, on poursuit l'installation des appareils avertisseurs Josselin. 56 passages à niveau sont déjà pourvus.

Sur le réseau de l'Est, un certain nombre de passages à niveau sont protégés par des disques à distance et des sonneries.

Sur le réseau du Midi, 85 passages à niveau des plus importants sont munis de disques protecteurs à distance.

Le réseau de l'État comprend des lignes rachetées où les passages à niveau n'étaient pas munis de barrières ; on n'a jusqu'ici installé aucun appareil ; mais actuellement l'Administration de ce réseau active la classification et la révision de tous les passages à niveau.

VI. — MISE EN COMMUNICATION DES AGENTS ENTRE EUX ET DES VOYAGEURS AVEC LES AGENTS DANS LES TRAINS EN MARCHE.

La mise en communication entre les voyageurs et les agents est assurée au moyen des appareils électriques Prudhomme sur le réseau du Nord, où ces appareils sont appliqués à 4,000 voitures, et sur celui de la Méditerranée (1), où les mêmes appareils sont en service sur 1,000 voitures et vont l'être sur 7,000.

Les autres Compagnies ont entrepris une série d'essais qui vont prendre fin et seront prochainement en mesure d'appliquer une solution définitive.

La Compagnie de l'Ouest expérimente un mode d'intercommunication par l'air comprimé, en relation avec le frein Westinghouse. L'expérience paraît devoir réussir, et l'application du système sera immédiatement développée.

La Compagnie de l'Est, en attendant les résultats

(1) A la condition que ces appareils fonctionnent et ne soient pas là « pour la frime », comme disent les employés

des essais faits sur les réseaux voisins, établit, au moyen de cordes, la communication entre les agents dans ses trains rapides. Depuis que son choix s'est arrêté sur le frein Westinghouse, elle projette l'application de l'air comprimé tentée par la Compagnie de l'Ouest. Le système électrique Prudhomme est en outre installé sur le train rapide organisé entre Calais et Bâle, de concert avec la Compagnie du Nord.

La Compagnie du Midi expérimente une modification de l'appareil Prudhomme, et la Compagnie d'Orléans un nouveau système à corde.

L'Administration du réseau de l'État a mis à l'essai un système particulier (Système Maurice, à pétards).

Sur tous les réseaux, d'ailleurs, conformément à la recommandation de la commission d'enquête, les mesures ont été prises pour que dans tous les trains la circulation des agents soit assurée le long des voitures à voyageurs.

Voilà où en sont les Compagnies.

Le Ministre insiste pour qu'elles complètent au plus tôt leurs moyens de protection. Il invite les inspecteurs à étudier les questions importantes, telles que celle-ci :

Doublement des voies principales aux abords de Paris et de certains grands centres de trafics ; addition d'un fourgon à la queue des trains qui en sont actuellement dépourvus ; avertissement de l'arrivée des trains aux gares au moyen de sonneries électriques mises en mouvement de la station voisine ; suppression, autant que possible, dans les nouveaux tracés, des bifurcations en pleine voie en les ramenant aux stations ; large expérimentation d'appareils téléphoniques et d'appareils électriques nouveaux empruntés, soit aux chemins étrangers, soit à nos propres réseaux.

Enfin, le Ministre insiste pour que les Compagnies soignent particulièrement la question du personnel.

XXXI. — L'opinion d'un directeur de chemins de fer.

Au moment où l'on m'apporte à corriger les premières épreuves de cet ouvrage, le *Correspondant* publie une étude de M. E. Bontoux sur les accidents de chemins de fer.

M. E. Bontoux, aujourd'hui président de la Société de l'*Union générale*, a dirigé pendant de longues années les chemins de fer du Sud de l'Autriche, après en avoir été l'organisateur. Il est donc naturellement très-compétent en la matière ; mais, naturellement aussi, il doit être le défenseur des Compagnies et de leurs directeurs. Comme je suis, avant tout, impartial, je dois analyser ses arguments.

M. Bontoux a divisé son travail en trois parties, étudiant successivement, d'abord, *la nature et les causes possibles des sinistres ;* ensuite, *la nature et les causes des responsabilités ;* enfin, *les moyens à employer pour raréfier les accidents,* — car il considère comme une utopie de croire à la possibilité de les supprimer.

Dans la première partie, il examine donc la nature et les causes des accidents, qu'il classe en deux catégories : les accidents où un seul train est en cause ; les accidents auxquels concourent deux trains.

Dans la première rentrent les déraillements, et tous les accidents provenant d'une avarie ou d'un vice dans le matériel.

« Il est très-difficile, pour ne pas dire impossible, dit M. Bontoux, de déterminer la cause d'un déraillement : les bris d'essieux, de ressorts, de bandages, les avaries de la voie constatées après l'accident, peuvent en être aussi bien la conséquence que la cause. On a vu des trains dérailler en pleine ligne droite sur une voie dont le parfait état avait été constaté quelques instants auparavant ; et, après l'accident, rien ne pouvait en indiquer la cause. Il se produit, dans ce développement énorme de forces vives, qui résulte du mouvement à grande vitesse de masses très-lourdes, des phénomènes que la science actuelle de la mécanique est impuissante à prévenir. »

Et l'auteur examine les divers cas : locomotive lancée sur un alignement droit et tout à coup prenant un mouvement de lacet qui arrache la voie et fait dérailler le train ; essieux et bandages brisés, et où l'on ne voit pas la moindre paille, où il n'existe aucun vice de fabrication...

Dans ces accidents-là, personne ne peut être responsable. « C'est, dit l'auteur, le fait de la foudre qui vous frappe en pleine campagne, du bâtiment coulé pendant la tourmente. »

« Il en est tout autrement des accidents de la deuxième catégorie. Un train ne peut en rencontrer, ni en tamponner, ni en prendre un autre en écharpe, sans qu'une irrégularité dans le service n'en soit la cause et, ici, dans la presque totalité des cas, l'irrégularité est la conséquence d'une faute. Mais qui dit *presque toujours* ne dit pas *toujours*, et on aurait tort de trouver étrange qu'un accident grave, conséquence du contact intempestif de deux trains, pût se produire sans faute personnelle d'aucune part. On oublie trop souvent que les matières et les engins employés par l'industrie humaine ne sont pas parfaits. Un signal bien fait peut être modifié au moment critique par le bris d'un tendeur, des signaux-pétards peuvent être avariés et ne pas détoner, etc. Ce sont là des exceptions, mais elles sont possibles. »

L'auteur examine avec soin les diverses variétés d'accidents que nous venons de passer en revue et en fait connaître les causes. *La rencontre de deux trains marchant en sens contraire sur une même voie* ne peut avoir lieu que par suite d'une aberration malheureusement possible, les faits le démontrent, de l'employé chargé d'expédier le train. Aussi la voix publique accuse-t-elle toujours, dans ces cas-là, l'employé de service dans la station qu'un train a irrégulièrement dépassée. Et cependant il y a des cas où il est absolument innocent. M. Bontoux cite l'exemple d'un train dont le mécanicien, le chauffeur et le conducteur dormaient tous les trois et qui, dépassant toutes les stations malgré les signaux et les cris d'alarme, allait à toute vitesse à la rencontre d'un autre train. La rencontre put être évitée. Si elle avait eu lieu, on n'aurait jamais su quels étaient les vrais coupables.

Le *tamponnement en pleine voie d'un train retardé ou en détresse par un train postérieur* (accident de Clichy-Levallois) ne peut être dû qu'à l'inobservation du règlement, qui veut que tout train en détresse ou en retard soit couvert par des signaux ou des pétards. La consigne est formelle, et quand elle n'est pas observée, il faut voir qui l'a enfreinte.

Les *rencontres de deux trains sur une bifurcation* (accidents récents de Dôle et de Pontoise) peuvent encore se compliquer du cas d'un troisième train venant d'une autre ligne, coupant l'un, prenant l'autre en écharpe, formant une épouvantable mêlée. Ils sont, dit M. Bontoux, toujours la conséquence d'une inobservation des règlements, qui interdisent formellement l'entrée d'un train dans le champ de la bifurcation, sans que les deux autres directions soient fermées. Mais,.. un signal peut ne pas fonctionner au moment critique ou se déranger ; un homme peut ne pas exécuter sa consigne...

Enfin le *tamponnement d'un train arrêté en station*, par un train en marche (cas de Charenton), est examiné. Le train est en gare, soit qu'il y reste, soit qu'il s'y gare pour laisser passer un autre train. Pendant tout le temps qu'il occupe la voie principale, un signal placé à une assez grande distance en avant, doit interdire l'accès de la gare aux autres trains. « La gare est couverte. »

Oui, mais les organisations humaines sont faillibles, et les instruments aussi. On a vu un disque ne pas fonctionner et la *trembleuse* (sonnerie électrique) marcher quand même ; on a vu, des lanternes s'éteindre, des mécaniciens ne pas faire attention aux signaux d'arrêt ; on a vu par des nuits de brouillard ou de tempête, les mécaniciens ne remarquer aucun de ces signaux, etc.

« Dans de pareilles circonstances, conclut M. Bontoux, est-il permis à qui que ce soit, ayant la prétention d'être sérieux et équitable, de venir, une heure après un accident, en face de cadavres, soulever les plus mauvaises passions contre des hommes ou des administrations, sans rien savoir du tout des causes du malheur ? »

C'est là la thèse de M. Bontoux — et c'est en cela que je ne suis pas de son avis — de restreindre le plus possible *aux petits*, la question des responsabilités. Il commence d'abord par dégager tout le haut personnel, directeurs, administrateurs, etc.

« Un employé supérieur, directeur de l'exploitation, a sous ses ordres tout le personnel qui concourt à assurer le service. C'est à lui que s'arrête la responsabilité en matière d'accidents. Vouloir *a priori* faire remonter la responsabilité au delà, c'est-à-dire vouloir l'étendre soit au conseil d'administration, soit au directeur général, s'il y en a un, est contraire aux règles d'une saine logique. »

C'est donc au chef de l'exploitation que nous nous en prendrons? Pas du tout; il ne peut pas tout voir, cet homme, il a sous ses ordres trois chefs de service principaux : le chef de l'entretien, chargé du bon état de la ligne; le chef du matériel de la traction, qui a pour mission d'entretenir le matériel roulant; et enfin le chef du service des stations et du mouvement des trains. Chacun de ces trois chefs de service a sous ses ordres un nombre d'employés de second rang, variant selon l'étendue du réseau. Chacun des agents de deuxième rang a également sous ses ordres un nombre d'autres agents, etc... jusqu'aux cantonniers et poseurs pour le service de la voie; jusqu'aux mécaniciens et chauffeurs pour la traction; jusqu'aux aiguilleurs, hommes d'équipe, etc., pour le service du mouvement.

C'est en se basant sur cette hiérarchie que M. Bontoux applique les responsabilités aux employés inférieurs. Les autres ont trop à voir, ils ne peuvent regarder de près. Si la voie est en mauvais état, cela concerne non pas le chef de l'entretien, ni le chef de service sous ses ordres, mais l'ingénieur de la section où est arrivé l'accident; si un bandage se brise parce qu'il n'avait pas l'épaisseur réglementaire, il faut punir l'employé aux ateliers; dans les rencontres de trains, il faut chercher si les signaux ont ou n'ont pas été observés. La responsabilité se partage donc entre mécaniciens, chauffeurs, aiguilleurs et hommes d'équipe.

Cependant, dit M. Bontoux, s'il est établi par une enquête :

« Que la distribution de service dans la gare est mal faite et que l'agent préposé à sa manœuvre ne pouvait y suffire ; — que le chef de gare, ayant un personnel insuffisant, a vainement demandé à son chef de service un personnel supplémentaire ; — Que l'itinéraire des trains a été fait imprudemment, de telle sorte que, par suite de retards fréquents et presque inévitables du premier train, l'arrêt du second par le signal, arrêt qui doit toujours être une exception, est très-souvent devenu nécessaire; — Que le directeur de l'exploitation a refusé, sans motif valable, d'appliquer à son service des systèmes de freins ou de signaux reconnus, par un emploi régulier sur d'autres lignes, comme très-avantageux pour la sécurité des trains; — Que le directeur de l'exploitation, convaincu de l'insuffisance de la ligne, en présence d'un mouvement énorme, a vainement demandé au Conseil d'administration, par des rapports formels, l'établissement de voies supplémentaires exigeant une forte dépense, et que le Conseil a refusé ou ajourné trop longtemps son approbation — dans ces cas et dans bien d'autres analogues, une grave responsabilité peut atteindre le chef de gare, le chef de service du mouvement, le directeur de l'exploitation et le Conseil lui-même. »

Il est vrai que tout cela est très-difficile à prouver. La Compagnie de Lyon, qui n'a eu, jusqu'à ces derniers jours, que des freins à sabots, et qui ne prend *réellement* le frein Westinghouse que parce qu'elle y est forcée, n'a-t-elle pas fait publier par des journaux amis qu'elle était à la tête du progrès et avait la première adopté les freins à arrêts rapides ?

J'aime mieux, comme système de défense, ce que dit ensuite M. Bontoux, au sujet des difficultés que trouvent les Compagnies à réaliser la moindre réforme. C'est qu'au-dessus des Compagnies, il y a encore *quelqu'un ou quelque chose* qui, naturellement, est encore bien plus *irresponsable* que le Conseil, et qui souvent pourtant devrait encourir bien des responsabilités par négligence ou par insouciance... Mais je diffère tout à fait d'opinion avec lui, quand il s'écrie :

« Il faut connaître bien peu l'esprit qui anime les directeurs de l'exploitation, pour les croire capables de sacrifier avec un cœur léger la sécurité des voyageurs, leur propre réputation et leur carrière toute entière, tout cela pour économiser, au profit des actionnaires qui, généralement, ne leur en savent aucun gré, des sommes souvent bien inférieures aux frais énormes qui résultent des accidents. »

Pardon. C'est que, sur les économies faites, l'agent supérieur touche généralement une gratification. nommée justement *prime d'économie*, tandis que, quand il y a eu un accident, c'est l'agent inférieur qui assume la responsabilité.

Je ne me laisse pas non plus du tout prendre aux statistiques qui prouvent que, depuis 1859, le nombre des blessés a énormément diminué. Moi, je crois savoir pourquoi : c'est que, dans tout petit accident, on achète avec quelques pièces de cent sous le silence des blessés qui, de cette façon, ne se font pas connaître. Par malheur, on ne peut acheter celui des morts. Voilà pourquoi le rapport se modifie beaucoup moins pour les tués que pour les blessés.

M. Bontoux passe rapidement en revue les moyens d'éviter les accidents. Je constate qu'il émet absolument le même avis que moi en ce qui concerne les besoins de machines (Block-System, avertisseur, signaux automatiques. etc.) remplaçant la main humaine.

« Aussi longtemps que les chemins de fer se serviront d'objets matériels et emploieront des hommes, c'est-à-dire aussi longtemps qu'il y aura des chemins de fer, il y aura des accidents, ni la matière ni les hommes n'étant parfaits; mais il est certain que les accidents doivent aller en se raréfiant à mesure que les organes matériels se perfectionnent et que les hommes eux-mêmes accomplissent mieux leur travail.

« Les moyens à mettre en œuvre dans ce but sont donc de deux ordres différents, suivant qu'ils se rapportent aux objets matériels en usage ou aux hommes chargés de s'en servir.

« Il est certain que les essieux, les bandages, les pièces de machine, les machines elles-mêmes et tout le matériel des chemins de fer, sont infiniment supérieurs à ce qu'ils étaient il y a quelques années. C'est déjà là une cause de plus grande sécurité, et les accidents dus uniquement à un vice de matériel deviennent de plus en plus rares.

« Les freins et les signaux, ces deux organes si importants au point de vue de la sécurité, ont fait et font encore chaque jour des progrès; il est à croire que le développement incessant de l'application des forces électriques apportera un concours très-efficace à l'exploitation des chemins de fer. Mais en attendant mieux en matière de signaux, je n'hésite pas à dire que, sur toutes les lignes à simple voie du réseau français, les signaux à cloches devraient être immédiatement appliqués. »

Quant aux freins soi-disant *tout à fait instantanés*, voici l'opinion de M. Bontoux :

« En matière de freins, la découverte des freins à air raréfié ou comprimé a été un grand progrès. Plusieurs lignes ont déjà adopté l'un ou l'autre; sans doute, ce n'est pas encore la perfection, il s'en faut;

mais si on veut attendre la perfection pour faire quelque chose de nouveau, on ne fera jamais rien, et mieux vaut pour une Compagnie qui en a les moyens appliquer de suite, fût-ce partiellement, un engin déjà expérimenté et reconnu relativement bon, que d'attendre trop longtemps le résultat de nouvelles expériences.

« Il circule dans le public, en matière de freins de chemin de fer, une opinion de laquelle il convient de dire un mot. Le public en général croit que si, par un moyen quelconque, par l'emploi d'un frein d'une puissance énorme, on arrivait à pouvoir arrêter un train instantanément, sur place, il n'y aurait plus d'accident. L'arrêt lui-même effectué dans ces conditions constituerait un véritable accident; matériel et voyageurs seraient certainement fort avariés ; si un train lancé à toute vitesse pouvait, suivant une expression populaire, être subitement cloué sur les rails, on verrait les essieux emportant leurs roues se séparer de leurs voitures et se réunir à l'avant du train, les caisses des véhicules tomber sur le sol et s'y briser, les voyageurs projetés avec une violence extrême dans le sens de la marche, ceux assis au fond venant assommer ceux placés en face, au rebours, etc., etc., etc.

« Il faut des freins puissants pour pouvoir arrêter ou ralentir un train sur une courte distance, lorsque le mécanicien voit devant lui un obstacle imprévu, mais il ne faut pas de frein pouvant clouer un train sur les rails, »

C'est la meilleure réponse à ceux qui accusent le frein Westinghouse de n'être pas « absolument instantané » pour l'arrêt.

Les deux grands moyens que propose surtout M. Bontoux, pour éviter les accidents, c'est l'augmentation des voies, et l'amélioration du personnel.

C'est justement ce que nous demandions aussi.

« Les lois du développement économique des grands centres de population sont formelles, dit-il, le mouvement peut être soumis à des saccades, subir des reculs momentanés, mais la moyenne d'une période de quelques années accuse toujours une progression... On peut donc calculer dès aujourd'hui le mouvement probable dans un an, deux ans, etc... S'il faut construire 150 ou 200 kilomètres de voies nouvelles, que l'on consacre à ce travail 200 millions, la vie des voyageurs vaut bien cela.

« La détermination du maximum de sécurité n'est pas difficile, c'est une étude spéciale à faire pour chaque section soumise à ce contrôle... Il faut, par exemple, éviter les itinéraires tellement chargés, qu'un très-faible retard, subi par un train de voyageurs, met forcément la marche d'un train de grande vitesse qui le suit, à la merci d'un signal. »

En ce qui concerne le personnel, M. Bontoux exige pour lui, du haut en bas, *une discipline d'acier, et d'acier trempé.*

« Le personnel employé sur les chemins de fer peut être, au point de vue spécial de cette étude, divisé en deux catégories. L'une, la seule dont il y ait lieu de s'occuper ici, comprend tous les agents dont le service touche à la sécurité de la circulation, mécaniciens, conducteurs, aiguilleurs, les hommes chargés des signaux, enfin les employés des gares attachés à un titre quelconque au service du mouvement des trains.

« Ce personnel-là, entre les mains duquel repose la sécurité des centaines de millions de voyageurs qui circulent annuellement sur les chemins de fer français, doit être soumis à une discipline d'acier, et d'acier trempé.

« Pour tout ce qui touche à la sécurité des trains, le service des chemins de fer doit être assimilé au service à bord d'un navire; la régularité absolue, permanente, qui est la condition *sine qua non* de la sécurité, ne peut s'obtenir que d'hommes sachant bien qu'une faute ne sera pas pardonnée. Tout agent qui commet une infraction aux règlements de sécurité devrait être immédiatement ou renvoyé ou placé dans un autre service, même, bien entendu, si la faute n'a pas eu de conséquence. C'est un devoir vis-à-vis du public. Une aiguille est mal faite, un signal n'est pas fait ou n'est pas respecté, une gare n'est pas couverte en temps utile ; il n'y a pas eu d'accident pour une cause ou pour une autre, il a pu être évité; les voyageurs du train en danger ne s'en sont pas même aperçus : l'agent coupable doit être éloigné. Il ne l'est pas ; huit ou dix jours après, il retombe dans la même faute ; un accident arrive, et l'enquête démontre que l'agent fautif était dans le cas de récidive : n'y a-t-il pas là une responsabilité supérieure engagée?

« On dira que c'est de la barbarie et du despotisme de punir aussi sévèrement un homme qui s'est trompé, lorsque son erreur n'a pas eu de conséquence fatale ; c'est là une théorie fausse : on oublie trop les millions de voyageurs exposés à des accidents terribles par les fautes possibles de quelques milliers d'hommes. Nul n'est forcé d'entrer dans ce service spécial : ceux qui y entrent doivent en connaître et en accepter les conditions. Et d'ailleurs, j'ai hâte de le dire, ce personnel-là devrait être rémunéré tout autrement que le personnel dont le travail n'a qu'un intérêt d'ordre pécuniaire : l'homme chargé de manœuvrer une aiguille ou un signal devrait être payé beaucoup plus que l'homme chargé de manipuler des marchandises ou des wagons. »

Hélas! l'homme chargé de manœuvrer — non pas une, mais concurremment dix ou douze aiguilles — a quatre-vingt-dix francs par mois, trois francs par jour, moins qu'un limousin qui sert les maçons!

« Le salaire du personnel des chemins de fer a-t-il suivi, dans les grands centres de population surtout, là progression qui s'est réalisée dans toutes les autres branches de l'industrie? Les hommes qui, dans les grandes gares, sont chargés d'un travail intéressant, à un titre quelconque, la sécurité du public voyageur, ont-ils un salaire répondant à celui que les ouvriers habiles trouvent dans la ville voisine? Sans doute, on trouve toujours des aiguilleurs, des hommes pouvant manœuvrer un signal au prix qui est payé aujourd'hui ; mais je crois que ces hommes-là et tous ceux dont le travail intéresse la sécurité devraient être considérés comme des ouvriers d'élite, comme des spécialistes, et être traités en conséquence. On arriverait bien vite ainsi à constituer pour ces postes si importants un personnel qui serait d'autant plus exact et dévoué à ses devoirs, qu'il serait certain de perdre par une seule faute des avantages exceptionnels. Il faudrait pour ce personnel un recrutement analogue à celui de la gendarmerie.

« Les mêmes principes doivent s'appliquer à tout le personnel des employés attachés au service du mouvement : discipline impitoyable, mais avantages spéciaux. »

Malheureusement, il n'en est pas ainsi, M. Bontoux le reconnaît. De plus, il y a trop d'*influences étrangères*, imposant des employés, les maintenant et ôtant aux chefs toute l'autorité nécessaire.

« La première condition de la sécurité, c'est la régularité dans le service ; pour atteindre cette régularité, il faut au directeur un personnel choisi, dont il soit absolument le maître. En est-il toujours ainsi ? Combien d'influences étrangères ne viennent-elles pas s'imposer là où elles devraient s'abstenir! La recommandation d'un tiers est parfaitement justifiée lorsqu'il s'agit d'un début. Les hommes qui ont sous leurs ordres un personnel considérable, dans lequel de nouvelles recrues sont incessamment nécessaires, doivent évidemment accueillir avec empressement les recommandations données par des hommes méritant confiance ; mais cette influence ne doit s'exercer que pour l'admission. Une fois le nouveau soldat dans les rangs, qui donc en dehors de ses chefs réguliers peut savoir ce que vaut l'homme et ce qu'il mérite ? Et cependant, combien d'influences ne viennent-elles pas gêner la marche du service, réclamant à chaque heure la levée d'une punition, un déplacement, un avancement ! Bien des irrégularités, bien des accidents sont de la faute d'agents qui souvent n'ont été maintenus en fonction que grâce à des recommandations puissantes. »

Eh ! bien, mais ces directeurs qui ne donnent aux employés les plus importants que des appointements dérisoires ; qui, pour faire plaisir à M. tel ou tel, acceptent et gardent de mauvais employés, incapables, fautifs, indisciplinés — Ces directeurs n'ont-ils pas une certaine responsabilité des fautes commises par lesdits employés ?

En résumé, M. Bontoux, tout en excusant les Compagnies, demande la création de voies nouvelles, des appareils de signaux perfectionnés, des freins rapides, et surtout un personnel meilleur et mieux payé.. .

C'est juste ce que nous avons demandé nous-même...

Nous sommes heureux et fier d'être d'accord avec un spécialiste comme lui.

Mais ce que nous avons demandé, ce qu'il demande — quand l'accordera-t-on?

XXXII. — Memento.

Accidents arrivés depuis que ce livre est à l'imprimerie :

9 octobre 1881. — Déraillement du train 624 à la bifurcation de Valenciennes et Cambray.

17 octobre 1881. — Une machine de service en manœuvre à la gare de Croix (ligne de Roubaix à Lille) prend en écharpe le train arrivant de Roubaix. Quatre voyageurs contusionnés.

19 octobre 1881. — Deux trains de marchandises se rencontrent sur la ligne de Lyon, près de Rives.

21 octobre 1881. — Le train 41 est tamponné près d'Épernay par un autre train. Six blessés.

21 octobre 1881. — L'express de Paris déraille entre Collonges et Saint-Rambert.

25 octobre 1881. — Le train de marchandises n° 1037 déraille à trois kil. de Tournus, à l'endroit appelé Barabant et La Grange. Le chauffeur Denis Buisson, 26 ans, porté très-malade à l'hôpital de Tournus.

25 octobre 1881. — Déraillement du train de Château-Salins à Montul.

26 octobre 1881. — Déraillement du train n° 5, sur la ligne d'Orbec à Lisieux (kil. n° 15). Chauffeur et mécanicien grièvement blessés.

26 octobre 1881. — La bande d'une roue d'un wagon

de première classe du train n° 31 (Paris, Amiens) a sauté, a brisé le frein et est entrée dans le compartiment. Malgré les appels désespérés d'un voyageur, — comme la sonnette d'alarme ne fonctionnait pas, — le train ne s'est arrêté qu'à la station d'Aisy.

26 octobre 1881. — Deux machines qui rentraient au dépôt de Saint-Germain-des-Fossés (ligne de Lyon) se sont rencontrées au croisement des voies : le mécanicien Garmat, blessé.

29 octobre 1881. — Le train 1171 déraille à la gare de Boigneville (Seine-et-Oise) ; le mécanicien, le chauffeur, et le conducteur-chef blessés.

29 octobre 1881. — Le train qui devait arriver à Besançon à 2 h. 25, déraille.

8 novembre 1881. — Le 518 prend en écharpe le 515 en manœuvre dans la gare de Fontenay (Vendée). Comme le 515 était vide, il n'y a pas d'accident de personnes.

16 novembre. — Une voiture, deux fourgons et le tender du train 722 déraillent en gare de Pont-Maugis.

20 novembre. — La Compagnie de Paris à Lyon annonce aux journaux que le train express n° 4005 a déraillé entre Senozan et Fleurville. Quatre voyageurs ont été *légèrement blessés*, dit la note de la Compagnie ; la vérité c'est que le chef de train Mengin a été fortement contusionné ; que M. Tabouriech, notaire à Lons-le-Saulnier, était sérieusement blessé ; que M. Reggio, âgé de vingt-quatre ans, sujet italien, avait la figure écrasée et respirait à peine ; que sir Johnson, âgé de vingt-sept ans, sujet anglais, avait au front une plaie verticale de 6 centimètres, que le docteur Mossel a jugée très sérieuse.

C'est ce que, dans les statistiques des Compagnies, on appelle « blessures sans importance. »

Quant aux voyageurs retirés avec beaucoup de peine de dessous les décombres, et qui étaient réellement *contusionnés*, on ne les mentionne même pas.

30 novembre. — Le train n° 191, de Paris à Nancy, déraille près de Liverdun.

30 novembre. — Ligne du Nord ; l'express qui part à

9 h. du soir rencontre plusieurs wagons de pommes de terre en manœuvre dans la gare de Chauny (Aisne) : blessés, MM Joly, Bayard, Potentier et le général Thomassin.

2 décembre. — Le train 216, venant de Dammartin, a tamponné, à la hauteur de la station de la plaine Saint-Denis, une machine en manœuvre.

Blessés : MM. Compagnon, 96, boulevard des Batignolles ; Duquenoux, 240, faubourg Saint-Honoré ; Squeville, 31, rue des Batignolles ; Serain, 69, rue des Aubépines ; Perrier, 59, rue d'Argenteuil ; Gaudin, 7, rue Payen ; Richoux, employé du contrôle.

Arrêtons-nous, en désirant sans l'espérer qu'on ne puisse pas pendant le dernier mois de l'année, dire de cette funèbre nomenclature :

Sera continué !

FIN

4410. — Paris, — Typ. Tolmer et Cie, 3, rue de Madame.

16.

www.ingramcontent.com/pod-product-compliance
Lightning Source LLC
LaVergne TN
LVHW050035070726
842526LV00015B/1125